医学影像专业特色系列教材

AutoCAD中文版基础教程

主　编　李方娟　牡丹江医学院

副主编　初旭宏　佳木斯大学
　　　　李兆龙　中国科学院合肥物质科学研究院
　　　　董向前　中国农业大学

编　委（按姓氏拼音排序）
　　　　初旭宏　佳木斯大学
　　　　董向前　中国农业大学
　　　　富　丹　牡丹江医学院
　　　　韩丹凤　牡丹江医学院
　　　　李方娟　牡丹江医学院
　　　　李兆龙　中国科学院合肥物质科学研究院
　　　　单明柱　牡丹江师范学院

主　审　景介文　牡丹江医学院

U0315371

科 学 出 版 社

北　京

内 容 简 介

本书介绍了AutoCAD 2012中文版的功能及命令的基本操作方法、操作技巧和应用实例，每章设有思考和练习题。本书最大的特点是，在进行知识点讲解的同时，列举了大量的实例，使读者能在实践中掌握命令的使用方法和技巧。

全书分为10章，分别介绍了AutoCAD 2012的有关基础知识、辅助绘图工具、二维图形的绘制与编辑、图层的创建、图块、外部参照和设计中心功能的使用、文字与图表、尺寸标注、三维绘图、图形的输出和打印等。

本书内容翔实，图文并茂，语言简洁，思路清晰，可以作为机械设计与建筑设计初学者的入门与提高教材，也可作为机械与建筑工程技术人员的参考工具书。

图书在版编目（CIP）数据

AutoCAD中文版基础教程／李方娟主编. —北京：科学出版社，2014.6
医学影像专业特色系列教材

ISBN 978-7-03-041228-7

Ⅰ. A… Ⅱ. 李… Ⅲ. AutoCAD软件-高等学校-教材 Ⅳ. TP391.72

中国版本图书馆CIP数据核字(2014)第126415号

责任编辑：周万灏 李 植／责任校对：张小霞
责任印制：徐晓晨／封面设计：范璧合

科 学 出 版 社 出版
北京东黄城根北街 16 号
邮政编码：100717
http://www.sciencep.com

北京凌奇印刷有限责任公司 印刷
科学出版社发行 各地新华书店经销
*

2014 年 6 月第 一 版 开本：787×1092 1/16
2021 年 1 月第四次印刷 印张：11
字数：249 000

定价：**52.00 元**

（如有印装质量问题，我社负责调换）

医学影像专业特色系列教材
编委会

序

医学影像专业特色系列教材以《中国医学教育改革和发展纲要》为指导思想，强调三基、五性，紧扣医学影像学专业培养目标，紧密联系专业发展特点和改革的要求，由10多所医学院校医学影像学专业的教学专家与青年教学翘楚共同参与编写。

本系列教材是在教育部建设特色应用型大学和培养实用型人才背景下编写的，突出了实用性的原则，注重基层医疗单位影像方面的基本知识和基本技能的训练。本系列教材可供医学影像学、医学影像技术、生物医学工程及放射医学等专业的学生使用。

本系列教材第一批由人民卫生出版社出版，包括《医学影像设备学实验》、《影像电工学实验》、《医学图像处理实验》、《医学影像诊断学实验指导》、《医学超声影像学实验与学习指导》、《医学影像检查技术实验指导》、《影像核医学实验与学习指导》七部教材。此次由科学出版社出版，包括《影像电子工艺学及实训教程》、《信号与系统实验》、《大学物理实验》、《临床医学设备学》、《医用常规检验仪器》、《医用传感器》、《AutoCAD中文版基础教程》、《介入放射学实验指导》八部教材。

本系列教材吸收了各参编院校在医学影像专业教学改革方面的经验，使其更具有广泛性。本系列教材各自成册，又互成系统，希望能满足培养医学影像专业高级实用型人才的要求。

医学影像专业特色系列教材编委会

2014年4月

前　言

随着计算机技术的飞速发展，计算机在经济、生活和社会发展中的地位日益重要。计算机知识与应用能力的培养是高等专业技术人才培养工作中极其重要的组成部分。

AutoCAD 是美国Autodesk公司开发的通用计算机辅助设计软件包，它具有易于掌握、使用方便和体系结构开放等优点，广泛应用于机械、建筑、电子、航天、医疗等领域，是目前最流行、通用性最广的工程设计与绘图软件。

为了编写好本书，编者进行了广泛的调研，走访了许多具有代表性的高等院校，在广泛了解情况、探讨课程设置、研究课程体系的基础上，确定了本书的编写大纲，本书以AutoCAD 2012软件为基础进行编写。

本书共分10章，第1~2章介绍了中文版AutoCAD的功能及界面组成、文件操作与绘图环境设置；第3~4章介绍了基本二维图形对象的绘制和二维图形对象的编辑；第5~6章介绍了图层及图块的使用、图形的查询功能、外部参照及设计中心等；第7章介绍了图形的标注、文字和表格的使用；第8~9章介绍了三维图形对象的创建、编辑及着色和渲染等；第10章介绍了图形的输入输出与打印。其主要特色为：

(1) 以"实际、实用、实践"为原则，重点介绍AutoCAD 的必备基础知识和实际操作能力。

(2) 精心安排了章节的次序和内容，贯彻由浅入深、循序渐进的教学原则。每章精心设计了思考练习题，有助于读者系统扎实的掌握AutoCAD的精髓。

(3) 每章配有上机实践，将命令讲解与实践操作相结合，实用性非常强。

(4) 本书内容丰富、结构安排合理，是广大师生的首选教材。

本书由李方娟任主编，初旭宏、李兆龙、董向前任副主编，单明柱、韩丹凤、富丹参加了部分编写工作，景介文教授任主审。由于编者的水平有限，不足之处在所难免，恳请广大读者批评指正。

编　者
2014年2月

目　录

第1章 AutoCAD概述

AutoCAD是美国Autodesk公司开发的通用计算机辅助设计软件包，它具有易于掌握、使用方便和体系结构开放等优点，深受社会各界绘图工作者的青睐。

Autodesk公司开发的AutoCAD软件也不断地推陈出新，AutoCAD 2012是Autodesk公司推出的最新版本，代表了当今CAD软件的最新潮流和未来发展的趋势。为了使读者能够更好地理解和应用AutoCAD 2012，本章主要讲解AutoCAD 2012的基本功能、工作界面、图形文件的管理等方面知识，为下面的深入学习打下基础。

教学目标
- ★ 熟悉AutoCAD 2012的基本功能及应用。
- ★ 掌握AutoCAD 2012的基础工作界面。
- ★ 掌握AutoCAD 2012的图形文件管理。

AutoCAD(Auto Computer Aided Design计算机辅助设计)是美国Autodesk公司推出的通用计算机辅助绘图和设计软件包，它具有易于掌握，使用方便，易于二次开发，体系结构开放等优点，现已经成为国际上广为流行的绘图工具。

Autodesk公司自1982年推出了AutoCAD的第一版之后，经过了V2.6、R9、R10、R12、R13、R14、R2000、2004、2007等典型版本，到目前最新的版本AutoCAD 2012，在这20年的时间里，AutoCAD产品随着计算机硬件发展的同时，自身功能也不断地发展完善，功能也越来越强大。

第一节 AutoCAD的基本功能及应用

一、AutoCAD的基本功能

AutoCAD是美国Autodesk公司于20世纪80年代开发的一个交互式绘图软件，是应用于二维及三维实体设计、绘图的系统工具。软件具有以下主要功能：

(1) 具有完善的图形绘制功能。

(2) 具有强大的图形编辑功能。

(3) 可以采用多种方式进行二次开发和用户定制。

(4) 可以进行多种图形格式的转换，具有较强的数据交换能力。

(5) 具有尺寸标注和文字输入功能。

(6) 具有良好的三维造型功能。

(7) 具有真实的图形渲染功能。

(8) 提供数据和信息查询功能。

(9) 具有图形输出功能。

从1982年12月正式发布AutoCAD 1.0 开始，到现在的AutoCAD 2012，每一版本都在原来的基础上增添了许多新的功能。AutoCAD 2012具有更完善的绘图界面和设计环境，同时引入了全新功能，其中包括命令行自动提示指令，UCS坐标图标新增夹点、增强阵列功能等功能，从而使AutoCAD系统更加完善、方便和快捷。

二、AutoCAD的行业应用

AutoCAD软件广泛应用于机械、建筑、水利、电子、航天、航空、轻工、纺织、医学等工程领域，AutoCAD具有良好的用户界面，可以进行二维图形及三维图形的绘制；它还具有开放的体系结构，易于二次开发，可通过标准的或专用的数据格式与其他图形系统进行数据交换；支持众多的外设；软件易于掌握，适用于各种层次的用户。AutoCAD主要在各个领域的应用如下：

(1) 工程制图：建筑工程、装饰设计、环境艺术设计、水电工程、土木施工等。

(2) 工业制图：精密零件、模具、设备等。

(3) 电子工业：设计集成电路、印刷电路板。

(4) 服装加工：服装制版、商标设计。

在不同的行业中，Autodesk公司开发了行业专用的版本和插件。AutoCAD Simplified版本是通用版本，也是学校教学和初学者学习的版本。一般没有特殊要求的行业都用AutoCAD Simplified通用版本。

第二节 AutoCAD的工作界面

AutoCAD 2012中文版为用户提供了"草图与注释"、"AutoCAD 经典"、"三维基础"和"三维建模"4种常用工作界面。其工作界面主要由标题栏、菜单栏、快速访问工具栏、绘图窗口、文本窗口与命令行窗口和状态栏等元素组成。

"草图与注释"工作空间为AutoCAD 2012 的默认空间，包括标签和面板等，如图1-1所示。

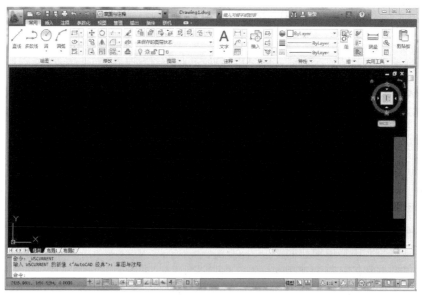

图1-1 "草图与注释"工作界面

"AutoCAD 经典"工作空间包括标题栏、菜单栏、工具栏、绘图区、状态栏、命令行及文本窗口和工具选项板等，如图1-2所示。

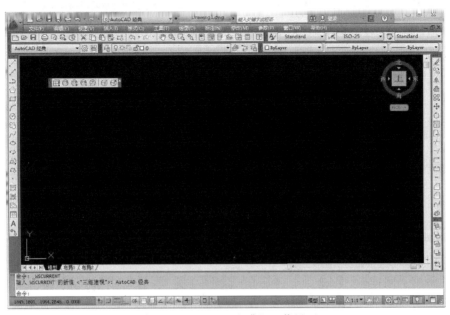

图1-2　"AutoCAD 经典"工作界面

"三维基础"和"三维建模"工作空间主要用于三维图形的绘制。包括标签、面板和工具选项板等，其中面板中包括绘制三维图形所需要的工具，其工作界面如图1-3及图1-4所示。

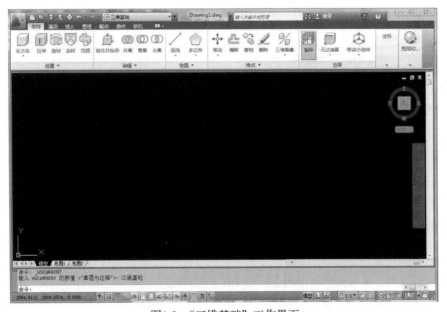

图1-3　"三维基础"工作界面

图1-4 "三维建模"工作界面

一、标 题 栏

标题栏位于AutoCAD 2012程序窗口的最顶端，如图1-5所示，用于显示软件的名称及其版本，并显示当前正在执行的程序名称及文件名称等信息。在程序默认的图形文件下显示的是AutoCAD 2012 Drawingl.dwg，如果打开的是一张保存过的图形文件，显示的则是保存的文件名。

图1-5 标题栏

为帮助按钮，单击该按钮或【F1】键均可打开帮助窗口，在该窗口中可以进行AutoCAD 2012的各个功能及应用方法的查询。标题栏的最右侧有3个按钮，依次为【最小化】按钮、【恢复窗口大小】按钮和【关闭】按钮。

二、菜 单 浏 览 器

【菜单浏览器】按钮位于工作界面的左上方，单击该按钮，可以展开AutoCAD 2012用于管理图形文件的命令，包括【新建】、【打开】、【保存】、【打印】和【输出】等，如图1-6所示，还可以通过单击菜单浏览器中的【最近使用的文档】按钮来显示最近使用过的文档，以便快速打开其中的文档，单击浏览器中的【打开文档】按钮，将显示当前打开的图形文档。在按钮左侧的空白区域内输入命令提示，即会弹出与之相关的各种命令列表，选择所需的命令可以执行相应的操作。

图1-6 菜单浏览器

三、快速访问工具栏

快速访问工具栏的默认位置位于菜单浏览器的右侧，用于显示经常访问的命令，包括【新建】、【打开】、【保存】、【另存为】、【打印】、【放弃】、【重做】、【工作空间】等命令，如图1-7所示，用户可以在快速访问工具栏上添加、删除和重新定位命令。

图1-7 快速访问工具栏

四、绘图窗口

在AutoCAD中，绘图窗口是用户绘图的工作区域，所有的绘图结果都反映在这个窗口中。用户可以根据需要关闭其周围的各个工具栏，以增大绘图空间。如果图纸比较大，需要查看未显示部分时，可以单击窗口右边与下边滚动条上的箭头按钮，或拖动滚动条上的滑块来移动图纸。

绘图窗口的默认颜色为黑色，用户可以根据自己的喜好和绘图的需要更改绘图窗口的颜色。

绘图窗口中有一个类似光标的十字线，称为十字光标，其交点反映了光标在当前坐标系中的位置，十字光标的方向与当前用户坐标系的x轴、y轴方向平行。在绘图窗口中除了显示当前的绘图结果外，还显示了当前使用的坐标系类型以及坐标原点、x、y、z轴的方向等。在默认情况下，坐标系为世界坐标系(WCS)。在窗口的下方有【模型】和【布局】选项卡，单击它们可以在模型空间或图纸空间之间切换。

五、命令行与文本窗口

命令行位于绘图窗口的底部，用于输入命令，并显示AutoCAD提示的信息。如图1-8所示。

当AutoCAD在命令窗口中显示【命令：】提示符后，即标志着AutoCAD准备接收命令。当用户输入一个命令，或从菜单、功能区、工具栏选择一个命令后，命令行将提示用户要进行的操作，直到命令完成或被中止。

每个命令都有自己的一系列提示信息。同一个命令在不同的情况下被执行时，出现的提示信息也不同。

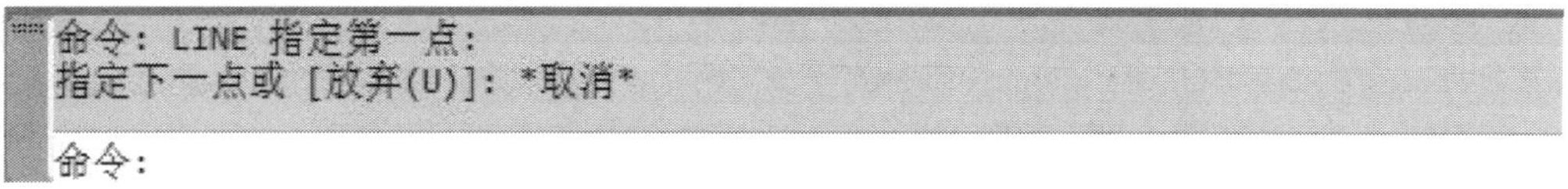

```
命令: LINE 指定第一点:
指定下一点或 [放弃(U)]: *取消*

命令:
```

图1-8　命令行窗口

六、状　态　栏

状态栏用来显示当前的状态，如当前十字光标的坐标、命令和按钮的说明等，位于程序界面的底部，如图1-9所示，用来显示AutoCAD 2012当前光标的坐标区、绘图辅助工具、快速查看工具、注释工具及工作空间工具等按钮。

图1-9　状态栏

七、功　能　区

功能区是一个包括创建文件所需工具的小型选项板，集中放置各种命令和控件。这些选项板被分类组织到不同功能的选项卡中。如图1-10所示，在默认情况下，功能区包括【常用】、【插入】、【注释】、【参数化】、【视图】、【管理】、【输出】、【插件】和【联机】9个部分。

图1-10　功能区

在AutoCAD 2012中，单击功能区的【最小化】按钮 ，可以将功能区最小化显示，这样可以增大绘图区的范围，更有利于绘制与观看图形。

第三节　图形文件管理

在AutoCAD中进行图形文件管理，是用户学习AutoCAD必须要掌握的基本操作。管理图形文件包括新建图形文件、打开图形文件、保存图形文件和输出文件等内容。

一、创建新的图形文件

在AutoCAD 2012中，创建新图形文件的方法有以下3种：

(1) 菜单栏：选择【文件】|【新建】命令。

(2) 命令行：输入"NEW"并执行。

(3) 工具栏：单击【标准】工具栏或者快捷工具栏中【新建】按钮。

在执行命令之后，会弹出【选择样板】对话框。如图1-11所示，选择需要的样板文件，单击【打开】按钮或直接双击选中的样板文件，就可以完成新建文件。

图1-11　【选择样板】对话框

二、打开已有的图形文件

在AutoCAD 2012中，打开已有的图形文件的方法有以下3种：

(1) 在菜单栏中选择【文件】|【打开】菜单命令，或者在【菜单浏览器】中选择【打开】命令。

(2) 在命令行中输入"OPEN"并执行。

(3) 单击快速访问工具栏中的【打开】按钮。

选择打开命令之后，弹出【选择文件】对话框，如图1-12所示，默认情况下，打开的图形文件的格式都为.dwg格式。选择要打开的文件，单击【打开】按钮或直接双击想要打开的文件，即可打开图形文件。

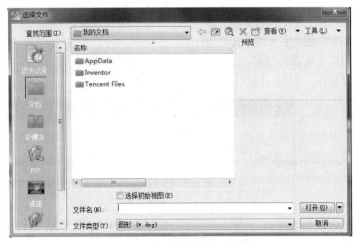

图1-12　【选择文件】对话框

二、保存图形文件

在AutoCAD 2012中，用户可以使用多种方式将绘制好的图形以文件形式进行保存。保存图形文件的方法有4种：

(1) 在菜单栏中选择【文件】|【保存】菜单命令，或者在【菜单浏览器】中选择【保存】命令。

(2) 在命令行中输入命令"SAVE"并执行。

(3) 单击快速访问工具栏中的【保存】按钮 或者【另保存】按钮 。

(4) 选择【文件】|【另存为】菜单命令，将当前图形保存到新的位置。

选择保存命令或者另存为命令之后，系统弹出【图形另存为】对话框，如图1-13所示，选择相应的保存位置，设置文件名称之后，单击【保存】按钮，即可保存文件。

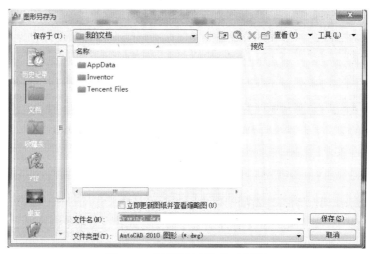

图1-13 【图形另存为】对话框

四、关闭图形文件

绘图结束后，需要退出或者关闭图形文件，关闭或者退出图形文件有以下3种方法：

(1) 在菜单栏中选择【文件】|【关闭】命令，或者在【菜单浏览器】中选择【关闭】命令。

(2) 在绘图窗口中单击【关闭】按钮 。

(3) 单击标题栏右侧的【关闭】按钮 。

如果在关闭图纸之前没有保存，会弹出【AutoCAD】对话框，提示是否对文件进行保存，选择相应按钮进行操作，如图1-14所示。

图1-14 【AutoCAD】对话框

第四节　上机实践

建立图形文件名为"新文件.dwg"并保存到桌面；练习打开图形文件及关闭图形文件的方法。

具体操作步骤如下：

(1) 在菜单栏中选择【文件】|【新建】菜单命令。在选择命令之后，会弹出【选择样板】对话框。单击右下角【打开】处的黑色三角按钮，选择【无样板打开-公制(M)】，将打开一个空白文档。如图1-15所示。

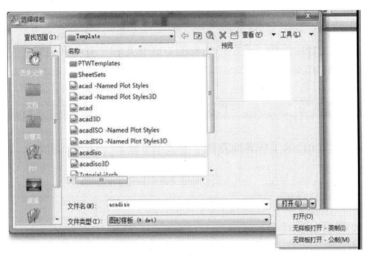

图1-15　【选择样板】对话框

(2) 保存图形文件。单击工具栏中【保存】按钮，第一次保存创建图形时，系统将打开【图形另存为】对话框，如图1-16所示。在【保存于】对话框后选择路径为桌面，在【文件名】后输入"新文件.dwg"，单击【保存】按钮就完成文件的保存。

(3) 打开已有的图形文件。在工具栏中单击【打开】按钮，在【选择文件】对话框中选择已经存在的图形文件，单击右下角【打开】按钮就可打开文件。

(4) 在文件菜单下，单击【退出】命令，或者在绘图窗口中直接单击 按钮，即可关闭当前的图形文件。

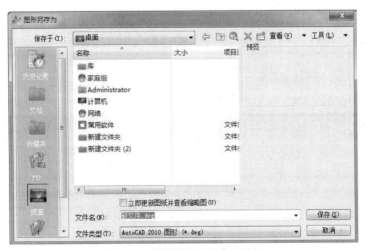

图1-16　【图形另存为】对话框

第五节　思考与练习题

一、填空题

(1) CAD是英文＿＿＿＿＿＿＿＿＿＿＿＿＿＿＿＿＿＿＿＿＿＿＿＿的缩写。

(2) AutoCAD 2012的操作界面主要由＿＿＿＿＿、＿＿＿＿＿、＿＿＿＿＿、＿＿＿＿＿、＿＿＿＿＿、＿＿＿＿＿、＿＿＿＿＿等七部分组成。

(3) AutoCAD 2012为用户提供了＿＿＿＿、＿＿＿＿、＿＿＿＿、＿＿＿＿ 4种工作空间。

(4) AutoCAD图形文件的扩展名是＿＿＿＿＿，AutoCAD样板文件的扩展名是＿＿＿＿＿。

二、简答题

(1) 在AutoCAD 2012中新建一个图形文件的方式有几种？有何区别？

(2) AutoCAD软件的功能有哪些?

三、上机操作题

(1) 建立样板文件名为"新样板.dwt"并保存到桌面；练习打开图形文件及关闭图形文件的方法。

(2) 熟悉AutoCAD 2012的工作界面及命令的调用方法。

第2章 AutoCAD绘图基础

通常情况下，安装好AutoCAD 后就可以在其默认状态下绘制图形了，但为了规范绘图，提高绘图效率，应掌握绘图环境的设置、坐标系及辅助绘图功能的使用等方面的知识。这些是绘制图形的基础，本章将详细介绍这些知识。

教学目标

★ 掌握AutoCAD的绘图环境设置。

★ 掌握AutoCAD坐标系的使用方法。

★ 掌握AutoCAD的辅助绘图功能。

第一节 设置绘图环境

在使用AutoCAD 2012绘图时，首先要设置合适的工作环境，以提高工作效率。下面具体介绍如何为绘图设置合适的工作环境。

一、设置参数选项

在AutoCAD 2012中，用户可以使用【选项】对话框对工作空间进行【文件】、【显示】、【打开和保存】、【打印和发布】、【系统】、【用户系统配置】、【绘图】、【三维建模】、【选择集】和【配置】等方面的个性设置。下面介绍在AutoCAD 2012中设置参数选项的操作方法。

1. 设置绘图区背景 在AutoCAD 2012中，用户可以对工作空间的绘图区背景进行设置。下面具体介绍设置绘图区背景的操作方法。

(1) 选择【工具】|【选项】命令，打开【选项】对话框；或者在AutoCAD 2012经典空间绘图区域中，右击绘图区域的空白处，在弹出的快捷菜单中选择【选项】命令，如图2-1所示。

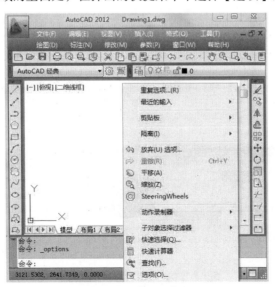

图2-1 选择【选项】命令

(2) 在弹出的【选项】对话框中，切换到【显示】选项卡，在【窗口元素】选项组中单击【颜色】按钮，如图2-2所示。

图2-2 【显示】选项卡

(3) 在弹出的【图形窗口颜色】对话框中，在【界面元素】列表框中选择【统一背景】选项，单击【颜色】下拉列表框的下拉按钮，在弹出的下拉列表中选择【白】选项，单击【应用并关闭】按钮，如图2-3所示。

(4) 返回到【选项】对话框，单击【确定】按钮设置绘图区的背景颜色，如图2-4所示。

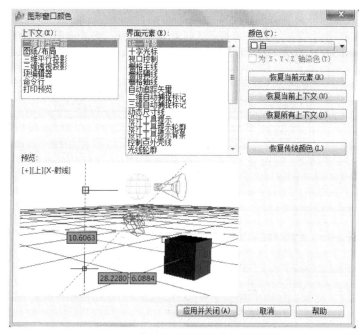

图2-3 【图形窗口颜色】选项卡

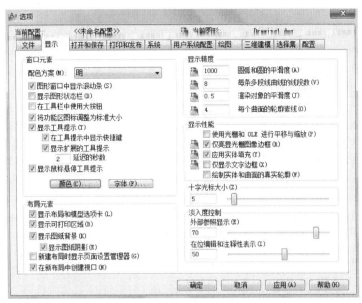

图2-4　【选项】对话框中单击【确定】按钮

2. 设置光标参数　在AutoCAD 2012中，用户可以对工作空间的光标参数进行设置。下面介绍设置光标参数的操作方法。

(1)打开【选项】对话框后，切换到【显示】选项卡；在【十字光标大小】文本框中输入光标大小值，如输入"10"，在【淡入度控制】区域的【外部参照显示】文本框中输入参照显示值，如输入"80"，如图2-5所示。

(2)在【在位编辑和注释性表示】文本框中输入注释值，如输入"60"，单击【确定】按钮完成光标参数的设置，如图2-6所示。

图2-5　【显示】选项卡

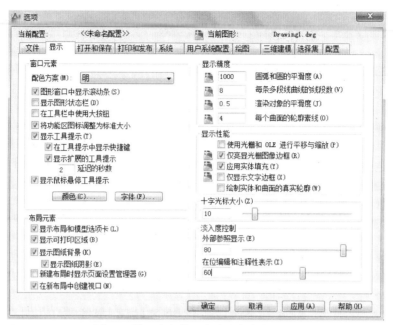

图2-6 输入注释值，完成光标参数设置

3. 设置鼠标右键功能 在AutoCAD 2012中，用户可以根据绘图习惯对鼠标右键的功能进行自定义。下面介绍设置鼠标右键功能的操作方法。

(1) 打开【选项】对话框，切换到【用户系统配置】选项卡，在【Windows标准操作】选项组中单击【自定义右键单击】按钮，如图2-7所示。

(2) 弹出【自定义右键单击】对话框，在【命令模式】选项组中选中【确认】单选按钮，单击【应用并关闭】按钮，如图2-8所示。

图2-7 【用户系统配置】选项卡

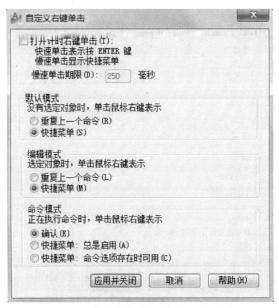

图2-8 【自定义右键单击】对话框

二、设置图形单位

图形单位用于控制坐标和角度的显示精度和格式，在AutoCAD 2012中，用户可以对图形单位进行设置和修改。下面介绍设置图形单位的操作方法。

(1) 在"AutoCAD经典"空间中，选择菜单【格式】|【单位】命令，如图2-9所示。

(2) 弹出【图形单位】对话框，在【长度】选项组中，单击【精度】下拉列表框中的下拉按钮 ▼ ，在其下拉列表中选择需要设置的精度值，如"0.0000"，单击【确定】按钮即可设置图形单位，如图2-10所示。

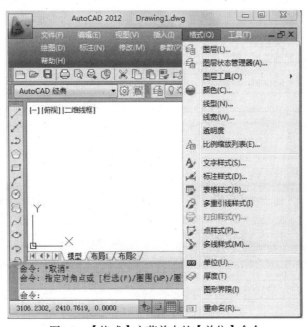

图2-9 【格式】主菜单中的【单位】命令

图2-10 【图形单位】对话框

三、设置图形界限

在绘制图形时，为防止绘制出的图形超出绘图区域，用户首先要对图形的界限进行设置。下面介绍设置图形界限的操作方法。

(1) 在"AutoCAD经典"空间中，选择菜单【格式】|【图形界限】命令，如图2-11所示。

(2) 在AutoCAD 2012的命令行中，系统提示"指定左下角点或[开(ON)/关(OFF)]<0.0000,0.0000>，"在键盘上按下Enter键以确定使用默认值<0.0000,0.0000>，如图2-12所示。

图2-11 【图形界限】命令

图2-12 指定左下角点

(3) 在命令行中,系统提示"指定右上角点<420.0000,297.0000>",输入界限值,如"500,500",在键盘上按下Enter键以确定图形界限,如图2-13所示。

(4) 通过以上步骤即可在AutoCAD 2012中对绘图的图形界限进行栅格显示,如图2-14所示。

图2-13 指定右上角点

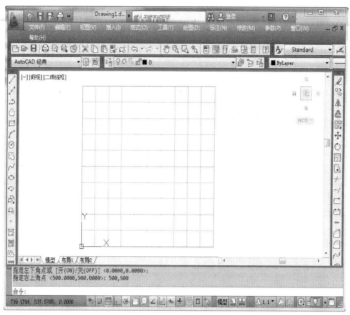

图2-14　图形界限设置完成

第二节　AutoCAD的坐标系

AutoCAD中的图形定位，主要由坐标系进行确定。在AutoCAD 2012中，WCS(世界坐标系)和UCS(用户坐标系)是两种非常重要的坐标系，在绘图的过程中，用户如果需要对某个图形对象的位置进行精确定位，应以WCS或UCS作为参照。下面介绍坐标系与坐标的输入方法。

一、世界坐标系和用户坐标系

1. 世界坐标系　在AutoCAD 2012中，世界坐标系包括X轴和Y轴，在三维空间中则还包含一个Z轴，其原点一般位于绘图窗口的左下方，所有图形的位移都是通过这个原点来进行计算的，同时规定沿着X轴向右及沿着Y轴向上的位移为正方向。一般新建图形文件时，系统默认的当前坐标系为世界坐标系，如图2-15所示。

2. 用户坐标系　在绘图的过程中，用户经常会修改坐标系的原点和方向，这样被更改的世界坐标系(WCS)则变成了用户定义后的用户坐标系(UCS)。UCS的X、Y和Z轴以及原点方向都可以旋转或移动，虽然3个轴之间都互相垂直，但在方向及位置上，坐标系却具备了更好的灵活性，如图2-16所示。在AutoCAD 2012中，用户在命令行中输入命令字符UCS，然后在键盘上按下Enter键，即可定制所需的用户坐标系。

二、坐标的输入方法

在AutoCAD 2012中，表示点的坐标方法有绝对直角坐标、绝对极坐标、相对直角坐标和相对极坐标4种，输入方法如下：

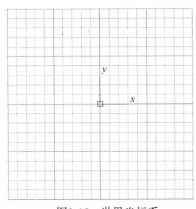

图2-15　世界坐标系

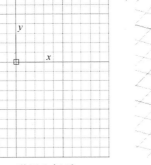

图2-16　用户坐标系

(1) 绝对直角坐标：是从点(0,0)或(0,0,0)出发的位移，可以使用分数、小数或科学记数法等形式表示点的x、y、z坐标值，坐标间用逗号隔开。

(2) 绝对极坐标：也是从点(0,0)或(0,0,0)出发的位移，但它给定的是距离和角度，其中距离和角度用"<"符号隔开。

(3) 相对直角坐标：相对直角坐标是指相对于某一点的x轴和y轴位移，它的表示方法是在绝对坐标表达式前加上"@"符号。

(4) 相对极坐标：是指相对于某一点的距离和角度。相对极坐标中的角度是新点和上一点连线与X轴的夹角，它的表示方法是在绝对极坐标表达式前加上"@"符号。

第三节　设置辅助绘图功能

在AutoCAD 2012中，辅助绘图功能包括捕捉模式、栅格、正交功能和极轴追踪等。下面介绍辅助绘图功能的使用方法。

一、设置捕捉和栅格

【捕捉】模式和【栅格】模式各自独立，但经常同时打开。要打开或关闭捕捉和栅格功能有以下3种方法：

(1) 在AutoCAD 程序窗口的状态栏中，单击【捕捉】按钮和【栅格显示】按钮。

(2) 快捷键：按【F7】键打开或关闭栅格，按【F9】键打开或关闭捕捉模式。

(3) 菜单栏：【工具】|【绘图设置】命令，打开【草图设置】对话框，如图2-17所示。勾选【启用捕捉】和【启用栅格】。

使用【草图设置】对话框【捕捉和栅格】选项卡，可以设置捕捉和栅格的相关参数。

二、使用正交模式

在AutoCAD 2012中，用户使用正交模式后，使用光标只能绘制水平直线和垂直直线，还可以增强平行性或创建现有对象的常规偏移。下面介绍在AutoCAD 2012中使用正交模式的操作方法。

(1) 打开AutoCAD 2012，在"AutoCAD经典"空间中，右键单击状态栏中的【正交模式】按钮，在弹出的快捷菜单中选择【启用】命令，如图2-18所示。

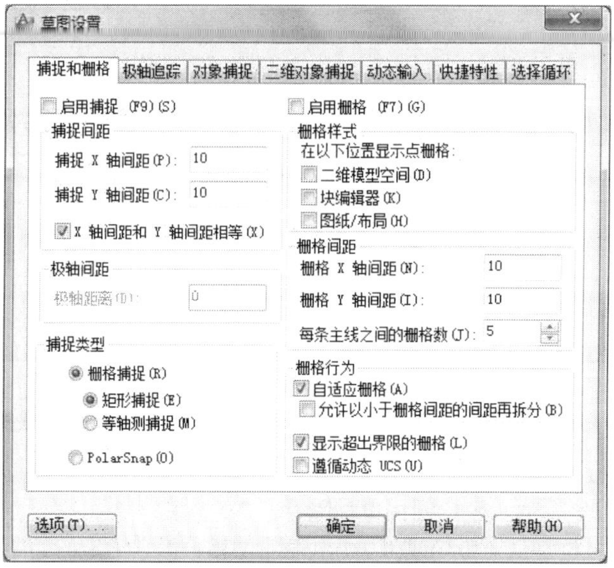

图2-17 【草图设置】对话框

图2-18 【正交模式】中的【启用】命令

(2) 通过以上操作即可在AutoCAD 2012中启用正交模式功能。

三、使用极轴追踪功能

在AutoCAD 2012中，使用极轴追踪命令可以按照指定的角度绘制图形对象或者绘制与其他对象有特定关系的图形对象。下面介绍AutoCAD 2012中，使用极轴追踪的操作方法。

(1) 打开AutoCAD 2012，在"AutoCAD经典"空间中，右键单击状态栏中的【极轴追踪】按钮，在弹出的快捷菜单中选择【设置】命令，如图2-19所示。

(2) 在弹出的【草图设置】对话框中，切换到【极轴追踪】选项卡，选中【启用极轴追踪】复选框，在【增量角】下拉列表框中设置角度为23度，单击【确定】按钮，如图2-20所示。

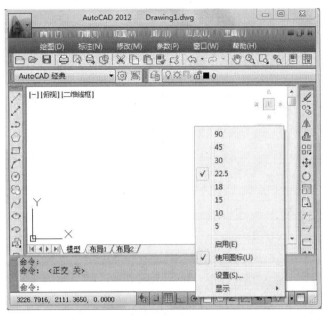

图2-19　【极轴追踪】中的【设置】命令

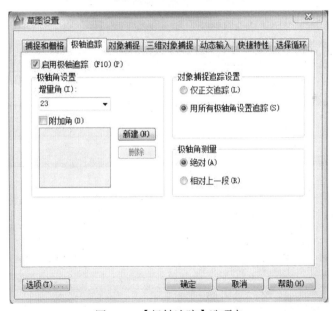

图2-20　【极轴追踪】选项卡

(3) 在绘图窗口中绘制直线时，如果直线角度为23度，绘图窗口会提示极轴数值<23，如图2-21所示。

(4) 通过以上操作即可在AutoCAD 2012中使用极轴追踪功能绘制直线，如图2-22所示。

四、使用对象捕捉和对象追踪功能

使用对象捕捉可以捕捉到端点、中点、交点和象限点等特殊点，使用对象捕捉追踪，用户可以按照指定的方向或角度绘制对象。下面介绍对象捕捉与对象捕捉追踪的方法。

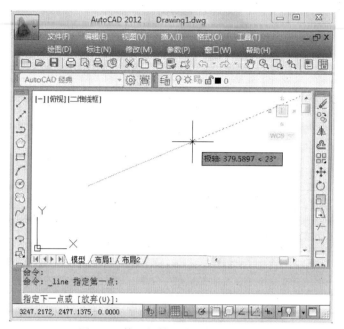

图2-21　使用极轴追踪功能绘制直线

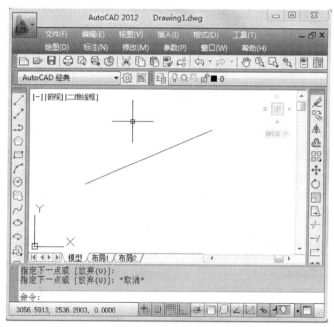

图2-22　使用极轴追踪功能绘制完成的直线

1. 对象捕捉　使用对象捕捉可以将指定点快速精确限制在现有对象的确切位置上。下面介绍对象捕捉的操作方法。

(1) 打开AutoCAD 2012，在"AutoCAD经典"空间中，右键单击状态栏中的【对象捕捉】按钮 ，在弹出的快捷菜单中选择【设置】命令，如图2-23所示。

(2) 在弹出的【草图设置】对话框中，切换到【对象捕捉】选项卡，选中【启用对象捕捉】复选框，单击【全部选择】按钮，单击【确定】按钮即可开启对象捕捉功能，如图2-24所示。

图2-23　【对象捕捉】中的【设置】命令

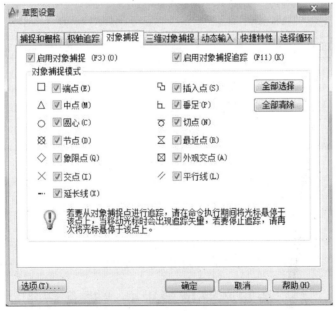

图2-24　【启用对象捕捉】

2. 对象捕捉追踪　对象捕捉追踪是指系统在找到对象上的特定点后，用户可以继续设置进行正交或极轴追踪。下面介绍对象捕捉追踪的操作方法。

(1) 打开AutoCAD 2012，在"AutoCAD经典"空间中右键单击状态栏中的【对象捕捉追踪】按钮，在弹出的快捷菜单中选择【设置】命令，如图2-25所示。

(2) 在弹出的【草图设置】对话框中，切换到【对象捕捉】选项卡，选中【启用对象捕捉追踪】复选框，单击【确定】按钮即可开启对象捕捉追踪功能，如图2-26所示。

图2-25 【对象捕捉追踪】中的【设置】命令

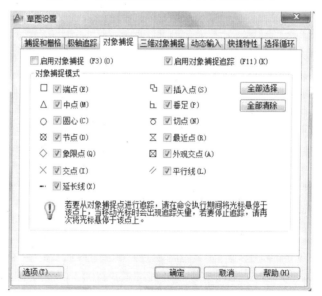

图2-26 【启用对象捕捉追踪】

五、使用临时追踪点和捕捉自功能

在【对象捕捉】工具栏中，还有两个非常有用的对象捕捉工具，即【临时追踪点】和【捕捉自】工具。

(1)【临时追踪点】按钮 ↜：可在一次操作中创建多条追踪线，然后根据这些追踪线确定所要定位的点。

(2)【捕捉自】按钮 ☐：并不是对象捕捉模式，但它经常与对象捕捉一起使用。在使用相对坐标指定下一个应用点时，"捕捉自"工具可以提示用户输入基点，并将该点作为临时参照点，这与通过输入前缀 "@" 使用最后一个点作为参照点类似。

六、使用动态输入

在AutoCAD 2012中，如果用户想在光标左侧或右侧显示命令行中的提示并输入数值，可以使用动态输入功能。使用动态输入，可以对指针的输入样例、标注的输入样例和动态提示的样例等进行设置。下面介绍动态输入的操作方法。

(1) 打开AutoCAD 2012后，在"AutoCAD经典"空间中右键单击状态栏中的【动态输入】按钮 ；在弹出的快捷菜单中选择【设置】命令，如图2-27所示。

(2) 在弹出的【草图设置】对话框中，切换到【动态输入】选项卡，在【可能时启用标注输入】区域中单击【设置】按钮，如图2-28所示。

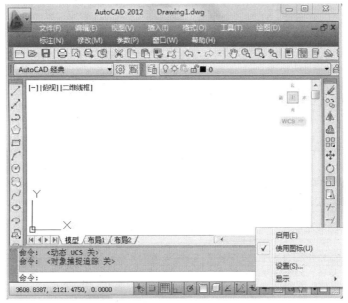

图2-27　【动态输入】中的【设置】命令

图2-28　【动态输入】选项卡

(3) 弹出【标注输入的设置】对话框，在【可见性】选项组中选中【同时显示以下这些标注输入字段】单选按钮，单击【确定】按钮，如图2-29所示。

(4) 返回到【草图设置】对话框，单击【确定】按钮即可启用动态输入功能，如图2-30所示。

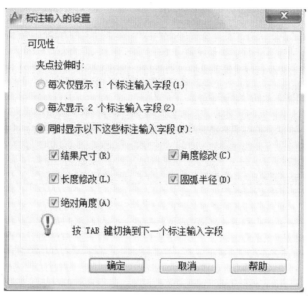

图2-29　【标注输入的设置】对话框

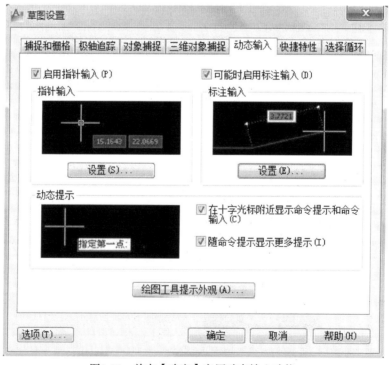

图2-30　单击【确定】启用动态输入功能

第四节 思考与练习题

一、填空题

(1) AutoCAD的坐标系，包括_____坐标系和_____坐标系。

(2) 绘制一条直线，第一个点的绝对坐标是(0，10)，第二点的相对坐标是(@5，15)，则第二个点的坐标用绝对坐标表示是_____。

(3) AutoCAD默认环境中，旋转方向逆时针为_____，顺时针为_____ (填+或−)。

(4) AutoCAD正交模式不能与_____功能一起使用。

二、简答题

(1) AutoCAD 2012中，世界坐标系和用户坐标系的区别与联系有哪些？

(2) AutoCAD 2012中，利用辅助绘图功能绘图需要注意哪些问题？

(3) AutoCAD 2012中，如何进行图形单位和图形界限的设置？

三、上机操作题

(1) 上机练习设置绘图区的背景颜色。

(2) 上机练习设置图形界限和图形单位。

第3章 绘制二维平面图形

本章主要介绍在AutoCAD 2012 中绘制图形的方法，从最简单的点开始，依次讲解点、直线、正多边形、矩形、圆、圆弧、椭圆、椭圆弧等常用的图形元素，这些图形元素都是AutoCAD中常用的元素，掌握这些元素的绘制方法，基本上即可掌握简单CAD图形的绘制。

教学目标
★ 熟悉AutoCAD的绘图指令的使用。
★ 掌握AutoCAD中点、直线、多边形、矩形的绘制方法。
★ 掌握AutoCAD中圆、圆弧、椭圆及椭圆弧的绘制方法。
★ 掌握AutoCAD中多线、多段线及样条曲线的绘制方法。
★ 掌握AutoCAD中面域和图案填充。

无论绘制多么复杂的平面图形，均是由点、线段、圆、圆弧等简单元素所组成的。本章将详细讲解AutoCAD 2012 绘图命令的使用方法。熟练掌握本章所介绍的基本绘图命令，是进行AutoCAD绘图的基础。

第一节 绘制点对象

点是构成图形元素的最基本对象，在AutoCAD 2012 中，点通常作为捕捉对象的参考点，同时用户可以随意绘制单点、多点以及等分点等。

一、设置点样式

使用AutoCAD软件绘制点时，系统默认点的样式是一个实心的黑点，不利于用户查找。用户可以在绘制点之前，自行设置点样式。

用户设置点样式有3种方法：

(1) 菜单栏：【格式】|【点样式】。

(2) 功能区：【常用】|【实用工具】|【点样式】按钮 。

(3) 命令行：输入"DPTYPE"并执行。

执行DPTYPE命令后，AutoCAD 2012 绘图软件将打开【点样式】命令界面，如图3-1所示，用户可在【点样式】命令界面上设置点的样式与大小。

二、绘制单点和多点

启动绘制点命令有4种方法：

(1) 工具栏：【绘图】工具条中的【点 】按钮 。

(2) 菜单栏：【绘图】|【点】|【单点】、【多点】命令。

(3) 功能区：【常用】|【绘图】中的【多点】按钮 ，如图3-2所示。

(4) 命令行：输入"POINT"并执行。

通过执行点命令，在绘图区单击便可以绘制出单点，如果连续单击，便可以连续绘制出多点，通过【ESC】按键结束绘制【点】命令。

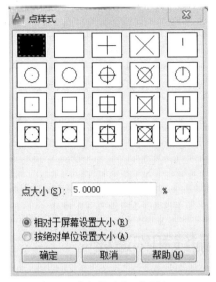

图3-1　【点样式】对话框

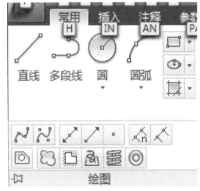

图3-2　【绘图】面板

三、绘制定数等分点和定距等分点

等分点命令是对所选对象执行等分的操作，根据等分方式的不同分为定数等分和定距等分。

定数等分是对所选对象执行定数等分的操作，启动等分点命令有3种方法：

(1) 菜单栏：【绘图】|【点】|【定数等分】命令。

(2) 功能区：【常用】|【绘图】|【定数等分】按钮 ，如图3-2所示。

(3) 命令行：输入"DIVIDE"并执行。

在AutoCAD 2012 绘图时，可以在指定对象上进行等分点或者在等分点处插入块。执行DIVIDE命令后，命令行将会产生如下提示：

选择定数等分的对象：//(选择指定的对象)

输入线段数目或[块(B)]：//(直接输入等分数，AutoCAD在指定的对象上绘出等分点)

如果需要在等分点处插入块，则在命令行输入B，然后AutoCAD提示：

输入要插入的块名：

是否对齐块和对象？[是(Y)/否(N)]<Y>：

输入线段数目：

在按照提示操作后，AutoCAD将在等分点上插入块。

而定距等分则是对所选对象执行固定距离等分的操作，启动定距等分命令有3种方法：

(1) 菜单栏：【绘图】|【点】|【定距等分】命令。

(2) 功能区：【常用】|【绘图】|【定距等分】按钮 。

(3) 命令行：输入"MEASURE"并执行。

可以执行定距等分命令，在AutoCAD 2012 绘图时，可以在指定对象上进行等距离划分或者在指定长度上插入块。实现插入块选项时，可在命令行输入B，然后执行。

下面分别具体说明定数等分点和定距等分点命令，如图3-3所示，在60mm直线段上进行3段等分；如图3-4所示，在50mm直线段上按照20mm将进行定距等分。

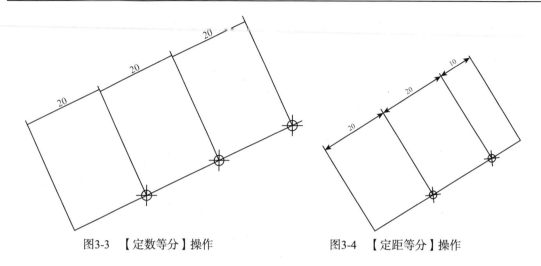

图3-3 【定数等分】操作　　　　　　图3-4 【定距等分】操作

第二节　绘制直线、射线和构造线

在AutoCAD 2012中，直线、射线和构造线是绘图中最简单的一组线性对象。直线是图形的构成单元，而射线和构造线一般都作为辅助线来使用。

一、绘制直线

启动绘制直线命令有4种方法：

(1) 工具栏：【绘图】工具条|【直线】按钮 。

(2) 菜单栏：【绘图】|【直线】命令。

(3) 功能区：【常用】|【绘图】中的【直线】按钮 。

(4) 命令行：输入"LINE"并执行。

在执行LINE后，命令行会显示下面的提示信息：

1) 指定第一点(确定起始点位置)：

此时，用户输入第一个指定点，可以在绘图区域内任意位置单击鼠标左键，完成点的输入，也可以通过键盘输入点的坐标值。在完成第一点输入后，命令行将提示：

2) 指定下一点或[放弃(U)]：

此时，用户可以输入第二点，或者执行"放弃(U)"，对已绘制出的线段进行取消，进而可以重新确定第二点位置。

3) 指定下一点或[闭合(C)/放弃(U)]：

用户可以在提示下对线段端点位置进行继续指定。如果要结束操作，可以按空格键或者【Enter】键。如果在命令行输入C后按【Enter】键，则闭合绘制的直线段。

在绘制直线第二点时，可以通过以下几种方法：

(1) 输入直线长度：利用光标在绘图区指定直线的方向，在命令行输入直线长度后按回车键。

(2) 输入绝对坐标值：在命令行输入点的直角坐标，如(20，30)。

(3) 输入相对坐标值：在命令行输入点的相对坐标，如(@20，30)。

如果利用LINE命令绘制折线，则折线中每一段直线段都是一个独立的对象，即可以对其中任意一条直线段进行单独的编辑操作。

二、绘 制 射 线

启动绘制射线命令有4种方法：

(1) 工具栏：【绘图】工具条|【射线】按钮 ✎。

(2) 菜单栏：【绘图】|【射线】命令。

(3) 功能区：【常用】|【绘图】中的【射线】按钮 ✎。

(4) 命令行：输入"RAY"并执行。

射线在绘图过程中一般起辅助线的作用，用户可以通过给定起始点，向某一单独方向无限延伸，绘制出射线。在执行RAY命令后，在命令行会显示如下信息：

指定起点：//(确定射线起点)

指定通过点：//(确定射线通过点)

根据提示要求，用户确定射线上除起点外的任意一点的位置，确定后，AutoCAD 2012绘出经过起始点与通过点的射线。然后命令行会继续提示"指定通过点"。继续操作，用户可以得到，通过同一起始点方向不同的多条射线。在射线绘制完成后，可以通过按空格键或者【Enter】键结束绘制。

三、绘 制 构 造 线

启动绘制构造线命令有4种方法：

(1) 工具栏：【绘图】工具条|【构造线】按钮 ✎。

(2) 菜单栏：【绘图】|【构造线】命令。

(3) 功能区：【常用】|【绘图】中的【构造线】按钮 ✎。

(4) 命令行：输入"XLINE"并执行。

用户通过执行XLINE命令，可以绘制出两端无限延伸的构造线，在命令行会显示如下信息：

指定点或[水平(H)/垂直(V)/角度(A)/二等分(B)/偏移(O)]：

提示信息中每个选项的意义分别如下：

(1) 水平(H)：用户通过指定的点绘制水平构造线。在上面提示信息下输入H后按【Enter】键，根据提示确定一点后，绘制出通过该点的水平构造线，同时会继续提示"通过指定点"，可以绘制出多条水平构造线。

(2) 垂直(V)：可绘制出垂直构造线。用户根据上面提示信息，输入V后按【Enter】键，方法与水平构造线的绘制相同。

(3) 角度(A)：用户可绘制出与指定直线成一定角度的构造线。在上面提示信息下输入A后按【Enter】键，后输入角度值并确定构造线通过的指定点，即绘制出与X轴成指定角度的构造线。

(4) 二等分(B)：用户可绘制出平分一角的构造线。在上面提示信息下输入B后，根据提示分别选取平分角结构的顶点、起点和端点，即可绘制出经过该角结构顶点，并且平分指定三点构成角结构的构造线。

(5) 偏移(O)：用户可绘制出与指定直线平行的构造线。在上面提示信息下输入O后，根据提示信息可绘制出满足要求的构造线。

第三节　绘制矩形和正多边形

用户可通过AutoCAD 2012绘制多种矩形和多边形对象，如直角矩形、圆角矩形、正多边形等。

一、绘 制 矩 形

启动绘制矩形命令有4种方法：

(1) 工具栏：【绘图】工具条|【矩形】按钮□。

(2) 菜单栏：【绘图】|【矩形】命令。

(3) 功能区：【常用】|【绘图】中的【矩形】按钮□。

(4) 命令行：输入"RECTANG"并执行。

选择矩形命令后，命令行将提示用户指定第一个角点或者[倒角(C)/标高(E)/圆角(F)/厚度(T)/宽度(W)]，其中倒角(C)是指矩形的倒角尺寸；标高(E)是指矩形的绘图高度，一般用于三维绘图；圆角(F)是指矩形的圆角尺寸；厚度(T)用于设置矩形的厚度，即Z轴方向的高度，一般用于三维绘图；宽度(W)是指矩形的线宽。使用【矩形】命令不同选项所绘制的各类矩形，如图3-5所示。

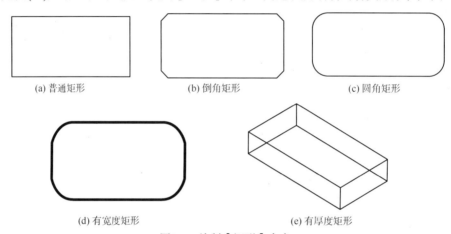

图3-5　绘制【矩形】命令

二、绘制正多边形

启动绘制多边形命令有4种方法：

(1) 工具栏：【绘图】工具条|【多边形】按钮⬠。

(2) 菜单栏：【绘图】|【多边形】命令。

(3) 功能区：【常用】|【绘图】中的【多边形】按钮⬠。

(4) 命令行：输入"POLYGON"并执行。

用户在选择【多边形】命令后，命令行将提示所需绘制多边形侧面数，输入数目后，命令行将提示指定正多边形的中心点或[边(E)]，若用户指定正多边形圆心后，命令行将提示输入选项[内接于圆(I)/外切于圆(C)]，根据用户的选择可绘制出一个内接于假想圆或外切于假想圆的多边形，然后根据提示输入指定圆的半径，具体绘制正五边形的步骤如图3-6所示。

图3-6　【多边形】命令绘制正五边形

若用户在输入绘制多边形侧面数后选择[边(E)]，则AutoCAD 2012根据已知正多边形的任意边或者根据正多边形某一边的顶点位置来绘制正多边形。

第四节 绘制圆、圆弧、椭圆和椭圆弧

圆是构成图形的基本元素之一，AutoCAD 2012具有强大的圆以及曲线的绘制功能，用户可以通过该功能，绘制出圆、圆弧、椭圆弧等图形元素。

一、绘 制 圆

启动绘制圆命令有4种方法：

(1) 工具栏：【绘图】工具条|【圆】按钮 。

(2) 菜单栏：【绘图】|【圆】命令。

(3) 功能区：【常用】|【绘图】中的【圆】按钮 。

(4) 命令行：输入"CIRCLE"并执行。

绘制圆的方法有很多种，其绘制方法如下：

(1) 圆心和半径画圆：选择命令后，输入圆心坐标后，命令行将提示用户输入指定圆的半径或直径。

(2) 【三点(3P)】：用户可以通过指定三点绘制圆。

(3) 【两点(2P)】：用户通过两点之间的距离为直径绘制圆。

(4) 【切点、切点、半径(T)】：用户通过与两个对象的切点以及指定半径绘制圆。如图3-7所示，绘制与两个已知圆相切，半径固定的圆形。

(5) 【相切、相切、相切】：用户通过与三个对象的切点绘制出圆形，如图3-8所示，绘制一个与已知三角形三边相切的圆形。

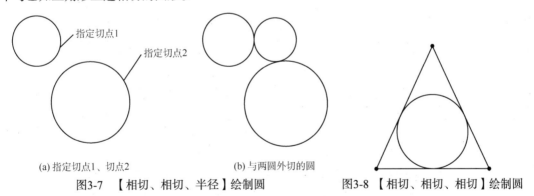

图3-7 【相切、相切、半径】绘制圆　　　　图3-8 【相切、相切、相切】绘制圆

二、绘 制 圆 弧

启动绘制圆弧命令有4种方法：

(1) 工具栏：【绘图】工具条|【圆弧】按钮 。

(2) 菜单栏：【绘图】|【圆弧】命令。

(3) 功能区：【常用】|【绘图】中的【圆弧】按钮 。

(4) 命令行：输入"ARC"并执行。

绘制圆弧的方法有很多种，其绘制方法如下：

(1)【三点P】：选择命令后，用户根据提示输入起始点、圆弧上任一点和端点，可顺时针或逆时针绘制出圆弧。

(2)【起点、圆心、端点(S)】：用户根据提示依次输入圆弧起点、圆心以及端点来绘制圆弧，如图3-9所示。

(3)【起点、圆心、角度(T)】：用户根据提示依次输入起点、圆心和角度来绘制圆弧，如图3-10所示，输入角度为正值时圆弧的绘制方向为逆时针，输入角度为负值时圆弧的绘制方向为顺时针。

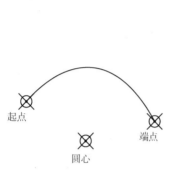

图3-9　【起点、圆心、端点】绘制圆弧

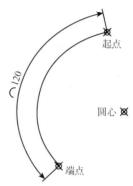

图3-10　【起点、圆心、角度】绘制圆弧

(4)【起点、圆心、长度(A)】：用户根据提示依次输入起点、圆心和长度来绘制圆弧，输入的长度值为绘制圆弧的弦长，如图3-11所示，输入弦长为正值时圆弧为自起点逆时针的劣弧，输入弦长为负值时圆弧为逆时针的优弧。

(5)【起点、端点、角度(N)】：用户根据提示依次输入起点、端点和角度来绘制圆弧，如图3-12所示，输入角度值为正值时圆弧的绘制方向为逆时针，输入角度值为负值时圆弧的绘制方向为顺时针。

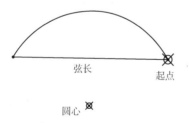

图3-11　【起点、圆心、长度】绘制圆弧

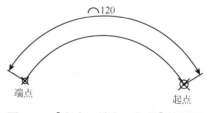

图3-12　【起点、端点、角度】绘制圆

(6)【起点、端点、半径(R)】：用户根据提示依次输入起点、端点和圆弧半径来绘制圆弧，输入半径为正数时绘制的圆弧为逆时针的劣弧，输入半径为负数时绘制的圆弧为逆时针的优弧。

(7)【圆心、起点，端点(C)】：用户根据提示依次输入起点、圆心和端点来绘制圆弧。

(8)【圆心、起点、角度(E)】：用户根据提示依次输入圆心，起点、角度来绘制圆弧，输入角度为正值时绘制的圆弧为逆时针，输入角度为负值时绘制的圆弧为顺时针。

(9)【圆心、起点、长度(L)】：用户根据提示依次输入圆心、起点、长度来绘制圆弧，输入的长度值为绘制圆弧的弦长，输入弦长为正值时圆弧为自起点逆时针的劣弧，输入弦长为负值时圆弧为逆时针的优弧。

(10)【起点、端点、方向】：用户依据提示依次输入起点、端点、方向来绘制圆弧，该方向是指圆弧的起点切线方向，以度数表示。

（11）【连续(O)】：用户在该方式下，可以在已有圆弧的终点绘制连续的圆弧，新绘制的圆弧总与以前的圆弧相切，已存在圆弧或直线的终点和方向就是新绘制圆弧的起点和方向。

三、绘制椭圆和椭圆弧

启动绘制椭圆命令有4种方法：

（1）工具栏：【绘图】工具条|【椭圆】按钮 。

（2）菜单栏：【绘图】|【椭圆】命令。

（3）功能区：【常用】|【绘图】中的【椭圆】按钮 。

（4）命令行：输入"ELLIPSE"并执行。

椭圆的绘制方法有两种，如图3-13所示：

（1）依据椭圆所在的某一轴的端点：选择命令后，用户依据提示，指定椭圆的轴端点或[圆弧(A)/中心点(C)]，绘制出椭圆。

（2）依据椭圆的中心位置：选择命令后，用户依据提示，输入椭圆中心点，然后指定椭圆轴的端点，绘制出椭圆。

启动椭圆弧命令有4种方法：

（1）工具条：【绘图】工具条|【椭圆弧】按钮 。

（2）菜单栏：【绘图】|【椭圆】|【椭圆弧】命令。

（3）功能区：【常用】|【绘图】中的【椭圆弧】按钮 。

（4）命令行：输入"ELLIPSE"并执行。

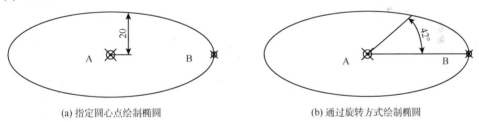

(a) 指定圆心点绘制椭圆　　　　　　　　(b) 通过旋转方式绘制椭圆

图3-13　绘制椭圆

椭圆弧前半段的操作与椭圆的绘制过程完全相同，在绘制出椭圆后，命令行提示用户指定起始角度或[参数(P)]，根据指定的起始角度和终止角度或[参数(P)/包含角度(I)]绘制出椭圆弧，如图3-14所示。

图3-14　绘制椭圆弧

第五节　绘制与编辑多段线

一、绘制多段线

多段线是由几段线段或圆弧构成的连续线条。它是一个单独的图形对象。用户可以一次性编辑多段线，也可以分别编辑各段。在机械绘图中，使用多段线命令可以生成任意宽度的直线和任意形状、宽度的曲线，可以避免交叉使用直线命令和曲线命令，绘制出复杂轮廓的图形。

启动绘制多段线命令有4种方法：

(1) 工具栏：【绘图】|【多段线】按钮 ↪。

(2) 菜单栏：【绘图】|【多段线】命令。

(3) 功能区：【常用】|【绘图】|【多段线】按钮 ↪。

(4) 命令行：输入"PLINE"并执行。

执行多段线命令，指定第一点后，命令行将提示用户指定下一个点或[圆弧(A)/半宽(H)/长度(L)/放弃(U)/宽度(W)]，如图3-15所示，在输入相应选项指令后，进行相应图形的绘制。

其中，输入选项：

(1) 输入A：切换至绘制圆弧，将圆弧添加到多段线，以前一点为圆弧起点，以输入点作为圆弧终点。

图3-15　指定起点后绘图区所显示多线段选项

(2) 输入L：切换至绘制直线，将直线添加到多段线，以前一点为直线起点，以输入点作为直线终点。

(3) 输入H：指定多段线的半宽值，表示从多段线线宽的中心到其中一边的宽度。

(4) 输入W：可以绘制出具有宽度的多段线。

用户可以按【Enter】键结束，或者输入C使多段线闭合。

二、编辑多段线

用户可以使用专门的编辑多段线工具，对多段线整体进行编辑，可以为多段线设置统一的宽度、移动、添加或删除单个顶点、可以闭合、合并、拟合多段线，获得所需的多段线，如图3-16所示，多段线编辑下拉菜单。

编辑多段线命令有4种方法：

(1) 工具栏：【修改II】|【编辑多段线】按钮 ✎。

(2) 菜单栏：【修改】|【对象】|【编辑多段线】命令。

(3) 功能区：【常用】|【修改】|【编辑多段线】按钮 ✎。

(4) 命令行：输入"PEDIT"并执行。

输入选项
闭合(C)
合并(J)
宽度(W)
编辑顶点(E)
拟合(F)
样条曲线(S)
非曲线化(D)
线型生成(L)
反转(R)
放弃(U)

图3-16　多段线编辑下拉菜单

第六节　绘制和编辑多线

一、绘 制 多 线

用户学习绘制多线命令，可以同时完成若干条平行线的绘制工作，大大减轻了LINE命令绘制平行线的工作量，在开始绘制多线之前，通常需要设定【多线样式】。用户可以在【格式】菜单下，选择【多线样式】命令进行设置，如图3-17所示。用户可以在【多线样式】管理器中，根据自己的需求设定多线的元素。

图3-17 【多线样式】管理器

启动多线绘制命令有2种方法：

(1) 菜单栏：【绘图】|【多线】命令。

(2) 命令行：输入"MLINE"并执行。

用户在绘制多线时，输入第一点坐标后，命令行将提示输入下一点坐标,第二条多线的起点从第一条多线的终点开始，以刚输入的坐标点为终点，完成多线绘制后按【Enter】键结束。绘制多线图形如图3-18所示。

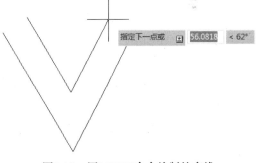

图3-18 用MLINE命令绘制的多线

二、编辑多线

由于绘制好的多线是一个整体，AutoCAD 2012提供给用户专门的多线编辑工具，可以方便地对多线进行合并、修改和闭合等，已达到所需要的设计要求。

编辑多线命令有2种方法：

(1) 菜单栏：【修改】|【对象】|【多线】命令。

(2) 命令行：输入"MLEDIT"并执行。

执行编辑多线命令后，系统将打开【多线编辑工具】管理器，提供了12种多线编辑工具，如图3-19所示。

这里以【T形打开】为例，介绍多线编辑工具的使用方法。选择【T形打开】后，绘制的图形如图3-20所示。

图3-19 【多线编辑工具】管理器

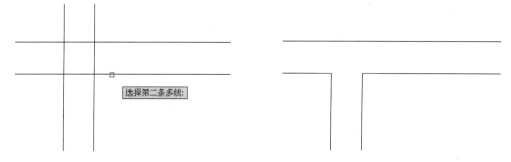

图3-20 使用【T形打开】命令编辑多线

第七节 绘制与编辑样条曲线

样条曲线是经过或者接近一系列固定点的光滑曲线。用户可以通过控制曲线与点的拟合程度，任意改变样条曲线的形状。

一、绘制样条曲线

同前面介绍的多段线相比，绘制样条曲线具有以下优点：

(1) 样条曲线是通过曲线路径上一系列的点平滑拟合而成的，这样绘制出的样条曲线比多段线要精确。

(2) 绘制样条曲线方法简单，并可以保留样条曲线的定义，编辑多段线则无法保留这些定义，成为平滑的多段线。

(3) 同样形状的样条曲线要比多段线占用的存贮空间小。

启动绘制样条曲线命令有4种方法：

(1) 工具栏：【绘图】|【样条曲线】按钮 ~ 。

(2) 菜单栏：【绘图】|【样条曲线】|【拟合点】或【控制点】命令。

(3) 功能区：【常用】|【绘图】|【拟合点】 ∿ 或【控制点】按钮∿。

(4) 命令行：输入"SPLINE"并执行。

用户可以通过指定样条曲线上的点，通过使用拟合点或者使用控制点来创建样条曲线，并通过按【Enter】键结束创建。

二、编辑样条曲线

用户可以通过增加样条曲线中控制点的数目或改变控制点的密度来提高样条曲线的精度，也可以通过改变样条曲线的次数来提高精度。

编辑样条曲线命令有5种方法：

(1) 工具栏：【修改II】|【样条曲线】按钮 ⌇。

(2) 菜单栏：【修改】|【对象】|【样条曲线】命令。

(3) 功能区：【常用】|【修改】|【样条曲线】按钮 ⌇。

(4) 命令行：输入"SPLINEDIT"并执行。

(5) 快捷菜单：选择要编辑的样条曲线，单击鼠标右键，选择【样条曲线编辑】。

依据以上提示，用户可以自主编辑样条曲线。

第八节　图案填充和面域

图案填充指的是用某种图案填充图形对象中的指定区域，这一功能在用户绘制剖面图或利用不同的填充来表示不同物体时非常有用。而面域则是指具有边界条件的平面区域，是一个面对象。面域主要应用在图案填充，提取图形信息和着色等。

一、使用图案填充

用户在对图形进行图案填充前，可以先预定义所要填充的图案，可以创建简单或复杂的填充图案。

启动图案填充命令有4种方法：

(1) 工具栏：【绘图】|【图案填充】按钮 ▨。

(2) 菜单栏：【绘图】|【图案填充】命令。

(3) 功能区：【常用】|【绘图】|【图案填充】按钮 ▨。

(4) 命令行：输入"BHATCH"并执行。

执行命令后，命令行出现提示【图案填充和渐变色】对话框，用户根据提示对所需填充对象进行选择，可对填充图案进行设置，如图3-21所示。

其功能如下：

(1) 类型和图案：在【类型和图案】选区，用户可以对填充图案的类型和图案进行设置，其中【类型】下拉框可以设置填充的图案类型，包括【预定义】、【用户定义】和【自定义】选项。用户可以根据需要进行图案类型的选择；【图案】下拉框可以设置填充的图案，只有在【类型】选择【预定义】时，【图案】选项才可使用，会弹出图3-22所示的【填充图案选项板】，用户根据需要对图案进行选择。还包括【颜色】、【样例】和【自定义图案】选项，其中【自定义图案】选项只有在填充图案采用【自定义】类型时，才能使用。

（2）角度和比例：在【角度和比例】选区，用户可以对图案填充的角度和比例等参数进行设置，其中【角度】下拉框，用来设置填充图案旋转的角度；【比例】下拉框，用来设置填充图案的比例，用户通过改变填充图案比例的大小，改变填充图案的疏密程度；【双向】复选框，用户在【用户自定义】选项时，选择该选项，可以使原本平行的填充线变成互相垂直的另组平行线填充图案；【相对图纸空间】复选框，用来决定比例因子与图纸空间的相对比例；【间距】文本框，用来设置填充平行线间的距离；【ISO笔宽】下拉框，用来设置笔的宽度。

图3-21 【图案填充和渐变色】对话框

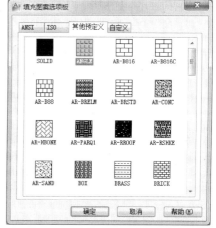

图3-22 【填充图案选项板】对话框

（3）图案填充原点：在【图案填充原点】选区，用户可以设置图案填充的原点位置，其中【使用当前原点】单选按钮，可以使用当前UCS的原点，作为图案填充的原点；【指定的原点】单选按钮，用户可以指定点作为填充图案的原点。

（4）边界：在【图案填充原点】选区，用户可以根据选项对填充图案区域进行设定，其中【添加：拾取点】可以根据用户指定的拾取点来设定填充区域的边界，单击【添加：拾取点】按钮，AutoCAD 2012将界面切换到绘图区域，用户手动选择需要填充区域内的任意点，系统根据这些点自动计算这些点所包围的区域边界，若所选择的拾取点无法形成封闭的边界，则系统显示错误提示；【添加：选择对象】单击该按钮，AutoCAD 2012将界面切换到绘图区域，用户通过选择对象，定义需要填充区域的边界；【删除边界】用来重新定义填充边界；【重新创建边界】用来重新创建填充区域边界；【查看选择集】用来查看已经定义过的图案填充边界。

（5）选项：在【选项】选区，【关联】复选框可以对设定边界内的图案与填充进行更新；【创建独立的图案填充】复选框用来创建独立的填充图案；【绘图次序】下拉框用来指定填充图案的次序；【图层】下拉框用来选择填充的图层；【透明度】下拉框用来对填充图案的透明效果进行设定。

(6) 设置孤岛：在【图案填充和渐变色】对话框中，单击右下角的按钮 ，将显示设置孤岛选项，如图3-23所示。

孤岛通常是指在一个已经定义的填充区域内的封闭区域，选择【孤岛检测】复选框后，用户可以指定最外层边界内填充对象，包括【普通】、【外部】和【忽略】三种方法，根据用户的实际需求进行选择填充，如图3-24所示。

其中【普通】方式是从填充的最外边界开始，遇到第一个内部边界时断开填充，遇到第二个内部边界时继续填充；【外部】方式是从填充的最外边界开始，遇到内部边界便断开填充，并不再继续向内部填充；【忽略】方式是忽略边界内部的边界对象，全部填充。

图3-23 【图案填充和渐变色】对话框

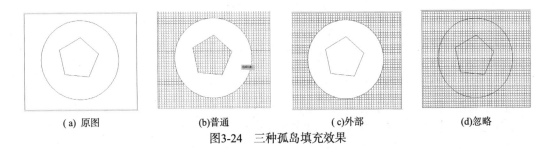

(a) 原图　　　　(b)普通　　　　(c)外部　　　　(d)忽略
图3-24 三种孤岛填充效果

(7) 渐变色：用户可以在【图案填充和渐变色】对话框中单击【渐变色】选项▦，创建一种或者两种颜色的渐变色图案，进行填充，如图3-25所示。

用户可以根据需要设置【单色】或者【双色】渐变色进行填充，同时可以通过【居中】、【角度】和【渐变色图案】对渐变色填充图案进行个性化设置。

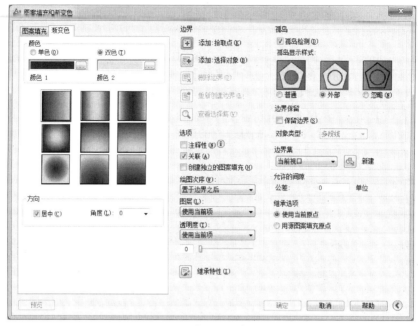

图3-25 【渐变色】选项

二、面 域

在AutoCAD 2012中，面域是具有边界的平面区域，它是一个面对象，内部可以包含孔。虽然从外观来说，面域和一般的封闭线框没有区别，但实际上面域就像是一张没有厚度的纸，除了包括边界外，还包括边界内的平面。我们可以将由某些对象围成的封闭区域转换为面域。

启动面域命令有4种方法：

(1) 工具栏：【绘图】|【面域】按钮 。

(2) 菜单栏：【绘图】|【面域】命令。

(3) 功能区：【常用】|【绘图】|【面域】按钮 。

(4) 命令行：输入"MEASURE"并执行。

执行命令后，用户可以选择一个或者多个封闭图形进行转换，按回车键即可将封闭图形转换成面域。如果对象自身内部相交，则无法生成面域。

另外，在AutoCAD中，用户可以对面域进行【并集】、【差集】和【交集】三种布尔运算，具体方法如下：

1. 并集布尔运算 启动并集命令有4种方法。

(1) 工具栏：【实体编辑】|【并集】按钮 。

(2) 菜单栏：【修改】|【实体编辑】|【并集】命令。

(3) 功能区：【三维工具】|【实体编辑】|【并集】按钮 。

(4) 命令行：输入"UNION"并执行。

如图3-26所示，用户在选择所需并集的面域后按【Enter】键，系统将对所选面域进行并集运算，将其合并成一个图形。

2. 差集布尔运算 启动差集命令有4种方法。

(1) 工具栏：【实体编辑】|【差集】按钮 。

(2) 菜单栏：【修改】|【实体编辑】|【差集】命令。

(3) 功能区：【二维工具】|【实体编辑】|【差集】按钮 ⚭。

(4) 命令行：输入"SUBTRACT"并执行。

如图3-27所示，用户在选择从中减去的面域后按【Enter】键，然后再选择要减去的面域后按【Enter】键，系统将对第一次选择的面域中减去第二次选择的面域。

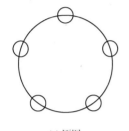    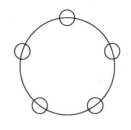 

(a) 原图   (b) 并集运算   (a) 原图   (b) 差集运算

图3-26 面域【并集】运算   图3-27 面域【差集】运算

3. 交集布尔运算 启动交集命令有4种方法。

(1) 工具栏：【实体编辑】|【交集】按钮 ⚭。

(2) 菜单栏：【修改】|【实体编辑】|【交集】命令。

(3) 功能区：【三维工具】|【实体编辑】|【交集】按钮 ⚭。

(4) 命令行：输入"INTERSECT"并执行。

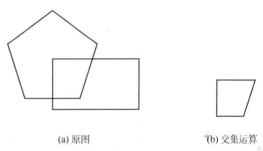

(a) 原图   (b) 交集运算

图3-28 面域【交集】运算

如图3-28所示，用户在选择两个面域交集部分然后按【Enter】键即可。

第九节 上 机 实 践

一、绘制二维平面图形

绘制如图3-29所示的二维平面图形。

具体操作步骤如下：

(1) 新建文件，并将其命名为"我的图形"。

(2) 单击【绘图】工具条上的直线按钮 ✎，利用直线命令绘制轴线，按照命令行提示操作如下：

1) 命令：_line

2) 指定第一点：任意指定直线的起点

3) 指定下一点或【放弃(U)】：任意指定直线的终点

绘制的图形如图3-30所示。

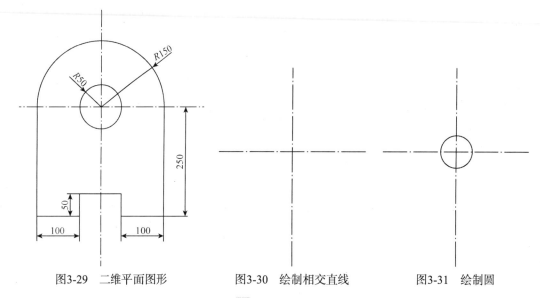

图3-29　二维平面图形　　　　图3-30　绘制相交直线　　　　图3-31　绘制圆

(3) 单击【绘图】工具条上的圆按钮⊘，启动圆命令，按照命令行提示操作如下：

1) 命令：_circle

2) 指定圆的圆心或[三点(3P)/两点(2P)/切点、切点、半径(T)]：选择图3-30中绘制的直线交点为圆心

3) 指定圆的半径或【直径(D)】<29.3086>：50

按照上述方法绘制的圆的效果如图3-31所示。

(4) 单击【绘图】工具条上的直线按钮，启动直线命令，打开自动追踪功能，按照命令行提示操作如下：

1) 命令：_line

2) 指定直线第一点：将鼠标放到R50的圆的圆心，当追踪线出现的时候，向左追踪，并输入150，如图3-32所示

3) 指定下一点[或放弃(U)]：鼠标向下追踪，当追踪线出现的时候，输入250

4) 指定下一点[或放弃(U)]：鼠标向右追踪，当追踪线出现的时候，输入100

5) 指定下一点[或闭合(C)/放弃(U)]：鼠标向上追踪，当追踪线出现的时候，输入50

6) 指定下一点[或闭合(C)/放弃(U)]：鼠标向右追踪，当追踪线出现的时候，输入100

7) 指定下一点[或闭合(C)/放弃(U)]：鼠标向下追踪，当追踪线出现的时候，输入50

8) 指定下一点[或闭合(C)/放弃(U)]：鼠标向右追踪，当追踪线出现的时候，输入100

9) 指定下一点[或闭合(C)/放弃(U)]：鼠标向上追踪，当追踪线出现的时候，输入250

10) 指定下一点[或闭合(C)/放弃(U)]：ENTER

绘制的图形如图3-33所示。

(5) 选择菜单【绘图】|【圆弧】|【起点、端点、半径(R)】，启动圆弧命令，按照命令行提示操作如下：

1) 命令：_arc

2) 指定圆弧的起点或【圆心(C)】：捕捉指定起点，如图3-34所示

3) 指定圆弧的端点：捕捉指定端点

4) 指定圆弧的圆心或【角度(A)/方向(D)/半径(R)】：_r指定圆弧的半径为150

绘制完成的图形如图3-35所示。

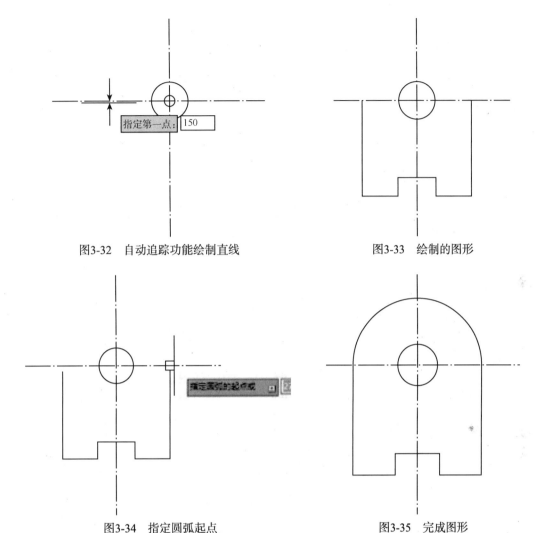

图3-32 自动追踪功能绘制直线

图3-33 绘制的图形

图3-34 指定圆弧起点

图3-35 完成图形

二、绘制小雨伞

利用圆弧、多段线和样条曲线命令及图案填充功能，绘制如图3-36所示的小雨伞。

具体操作步骤如下：

(1) 打开AutoCAD页面的"AutoCAD经典"工作空间，选择菜单【绘图】|【圆弧】|【三点】，激活三点绘制圆弧命令，按照命令行提示操作如下：

1) 命令：_arc

2) 指定圆弧的起点或[圆心(C)]：200，200

3) 指定圆弧的第二个点或[圆心(C)/端点(E)]：300，250

4) 指定圆弧的端点：400，200

(2) 选择菜单【绘图】|【样条曲线】命令或在命令行直接输入spline

1) 命令：_spline

图3-36 小雨伞图例

2) 指定第一个点或【对象(O)】：200，200

3) 指定下一点：250，215

4) 指定下一点或[闭合(C)/拟合公差(F)<起点切向>：300，200

5) 指定下一点或[闭合(C)/拟合公差(F)<起点切向>：350，215

6) 指定下一点或[闭合(C)/拟合公差(F)<起点切向>：400，200

7) 指定下一点或[闭合(C)/拟合公差(F)<起点切向>：

8) 指定起点切向：

9) 指定端点切向：

(3) 选择菜单【绘图】|【圆弧】|【三点】，激活三点绘制圆弧命令，按照命令行提示操作如下：

1) 命令：_arc

2) 指定圆弧的起点或[圆心(C)]：300，250

3) 指定圆弧的第二个点或[圆心(C)/端点(E)]：260，230

4) 指定圆弧的端点：245，215

5) 重复"圆弧"arc命令

6) 指定圆弧的起点或[圆心(C)]：300，250

7) 指定圆弧的第二个点或[圆心(C)/端点(E)]：285，225

8) 指定圆弧的端点：280，205

9) 重复"圆弧"arc命令

10) 指定圆弧的起点或[圆心(C)]：300，250

11) 指定圆弧的第二个点或[圆心(C)/端点(E)]：320，225

12) 指定圆弧的端点：325，205

13) 重复"圆弧"arc命令

14) 指定圆弧的起点或[圆心(C)]：300，250

15) 指定圆弧的第二个点或[圆心(C)/端点(E)]：345，225

16) 指定圆弧的端点：355，215

(4) 单击"多段线"命令或在命令行直接输入pline

1) 命令：_pline

2) 指定起点：300，250

3) 当前线宽：0，0000

4) 指定下一点或[圆弧(A)/半宽(H)/长度(L)/放弃(U)/宽度(W)：W

5) 指定起点宽度<0.0000>：3

6) 指定端点宽度<0.0000>：3

7) 指定下一点或[圆弧(A)/半宽(H)/长度(L)/放弃(U)/宽度(W)]：300，260

8) 指定下一点或[圆弧(A)/闭合(C)/半宽(H/长度(L)/放弃(U)/宽度(W)]：

重复操作，在绘制一多段线，坐标依次输入(300，200)；(300，90)；a；s；(265，70)；(250，90).

(5) 选择菜单【绘图】|【图案填充】命令，选择自己喜欢的颜色进行图案填充。

第十节　思考与练习题

一、填空题

(1) 在AutoCAD中，点对象有_____、_____、_____和_____。

(2) 在使用通过中心点方式绘制多边形时，系统提供了_____和_____两种方式绘制多边形。

(3) 多段线由_____和_____两种元素组成。

(4) 在AutoCAD2012中提供了_____种绘制圆弧的方法。

二、简答题

(1) 在AutoCAD 2012中，绘制直线时应注意哪几个方面？

(2) 在AutoCAD 2012中，绘制多段线应注意哪些问题？

三、上机操作题

(1) 利用直线、矩形、多边形命令绘制如图3-37所示图形。

(2) 利用面域命令绘制如图3-38所示图形。

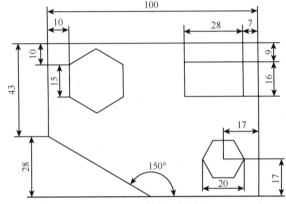

图3-37　二维平面图形

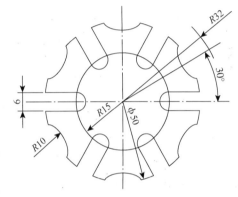

图3-38　利用面域命令绘制图形

(3) 绘制如图3-39所示的饮料瓶平面图。

图3-39　饮料瓶

第4章　选择与编辑二维图形对象

本章主要介绍AutoCAD 编辑二维图形方面的知识和技巧，包括选择对象的方法，删除、移动、旋转和对齐对象；复制、阵列、偏移和镜像对象；修改对象的形状和大小；圆角和倒角；分解、合并与打断对象，掌握这些图形对象的编辑方法，基本上可以完成复杂的二维图形的绘制。

教学目标
- ★ 熟悉AutoCAD选择对象的方法。
- ★ 掌握AutoCAD中删除、移动、旋转对象的方法。
- ★ 掌握AutoCAD中复制、阵列、偏移和镜像对象的方法。
- ★ 掌握AutoCAD中修改对象的形状和大小的方法。
- ★ 掌握AutoCAD中圆角、倒角、分解、合并和打断对象的方法。

第一节　选择对象的方法

AutoCAD 2012为用户提供了多种选择方式，可以单击对象依次拾取；可以使用矩形窗口或者交叉窗口选择对象；可以选择最新创建对象与当前选择集或者图形中的所有对象；也可以在选择集中添加、删除对象。

用户在命令行输入SELECT命令，按【Enter】键，在"选择对象"提示下输入"？"，得到如图4-1所示提示。

图4-1　选择对象提示信息

下面分别介绍选择对象的注意事项：

(1) 在默认情况下，用户可以直接选择对象，当光标变为小方块(即拾取框)时，便可逐一选取所需对象。

(2)【窗口(W)】选项：使用该选项，用户可以通过绘制一个矩形区域，来选择对象，从左到右指定角点创建窗口选择，如图4-2(a)所示，在光标所绘制矩形区域内部的对象将被选中，如图4-2(b)所示。

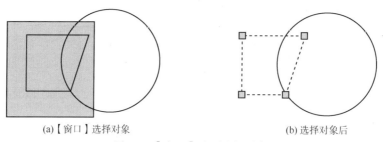

(a)【窗口】选择对象　　　　　　　　　(b) 选择对象后

图4-2　【窗口】选项选择对象

(3)【上一个(L)】选项：用户在选择图形窗口内可见元素时，最后创建的对象。在使用"上一个(L)"选项时，无论使用多少次，只会选中一个对象。

(4)【窗交(C)】选项：使用该选项，用户可以通过绘制一个矩形区域来选择对象，从右到左指定角点创建窗交选择，如图4-3(a)所示，位于矩形区域内部或者与矩形边界相交的对象全部都会被选中，如图4-3(b)所示。

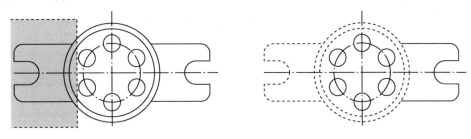

(a)【窗交】方式选择对象　　　　　　　(b) 执行命令后

图4-3　【窗交】选项选择对象

(5)【框(BOX)】选项：该选项是由【窗口】和【窗交】两选项组合而成的独立选项。用户在从左至右设置拾取框时，使用【窗口】选项；而从右至左设置拾取框时，使用【窗交】选项。

(6)【全部(ALL)】选项：该选项可以对图形中所有没有被锁定、关闭或者冻结的对象进行选择。

(7)【栏选(F)】选项：用户可以绘制一条多段直线，所有与绘制的多段直线相交的对象都会被选中，如图4-4(a)所示，【栏选】直线相交的对象，图4-4(b)为【栏选】的结果。

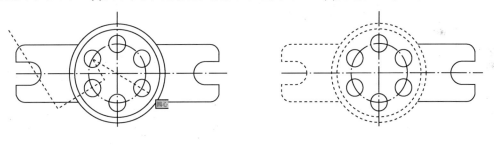

(a)【栏选】方式选择对象　　　　　　　(b) 执行命令后

图4-4　【栏选】选项选择对象

(8)【圈围(WP)】选项：该选项与【窗口】选项相类似，用户可以绘制一个不规则的多边形，并用其作为选择对象的窗口，如图4-5(a)所示。完全包围在多边形中的对象将被选中，若多边形顶点不封闭，系统将自动将其封闭，多边形可以为任意形状，选取结果如图4-5(b)所示。

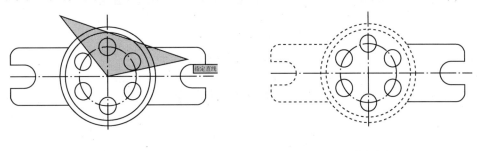

(a)【圈围】方式选择对象　　　　　　　(b) 执行命令后

图4-5　【圈围】选项选择对象

(9)【圈交(CP)】选项：该选项与【窗交】选项相类似，用户可以通过单击鼠标左键不放，绘制出一个不规则多边形区域，如图4-6(a)所示，所有与多边形相交的对象都会被选中，如图4-6(b)所示。

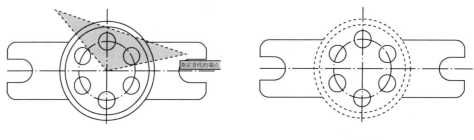

(a)【圈交】方式选择对象　　　　　　　(b) 执行命令后

图4-6　【圈交】选项选择对象

(10)【编组(G)】选项：用户通过该选项可以选择一个已经定义的对象编组。

(11)【添加(A)】选项：用户通过设置PICKADD变量将对象加入到选择集中。

(12)【删除(R)】选项：用户通过删除命令，在选择集中删除已选择的对象。

(13)【多个(M)】选项：用户通过该选项迅速选取对象。

(14)【前一个(R)】选项：用户通过该选项将最近的选择集设置为当前选择集。

(15)【放弃(U)】选项：用户通过该选项取消最近的对象(一个或者多个对象)选择操作。

(16)【自动(AU)】选项：用户通过该选项自动选择对象。

(17)【单个(SI)】选项：用户通过该选项，配合其他选项后，对象选择后无需按【Enter】键，选择对象工作会自动结束。

第二节　删除、移动、旋转对象

AutoCAD 2012提供给用户强大的图形编辑命令，可以通过编辑命令实现对象的删除、复制、镜像、移动、旋转等操作，用户可以通过【修改】和【修改Ⅱ】工具栏，如图4-7所示，来执行这些命令。

【修改】工具栏

【修改Ⅱ】工具栏

图4-7　【修改】和【修改Ⅱ】工具栏

一、删除对象

用户在绘图过程中，删除一些多余或误操作图形是常有的，这时需要使用【删除】命令。

启动删除对象命令有4种方法：

(1) 菜单栏：【修改】|【删除】命令。

(2) 功能区：【常用】|【修改】|【删除】按钮 ✏。

(3) 命令行：输入"ERASE"并执行。

(4) 工具栏：【修改】|【删除】按钮 ✏。

用户在选择【删除】命令后，在提示下选取删除对象，如图4-8所示，该命令默认用户继续选择下一个对象，可通过鼠标右键或者【Enter】键结束选择。

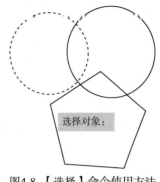

选择对象：

图4-8　【选择】命令使用方法

二、移 动 对 象

移动对象是将一个图形沿着基点移动一段距离，使图形到达适合的位置。

启动移动对象命令有4种方法：

(1) 菜单栏：【修改】|【移动】命令。

(2) 功能区：【常用】|【修改】|【移动】按钮 ✥。

(3) 命令行：输入"MOVE"并执行。

(4) 工具栏：【修改】|【移动】按钮 ✥。

用户选择【移动】命令后，选择需要移动的图形，然后选择移动指定的基点，通过鼠标移动至相应位置，如图4-9所示。

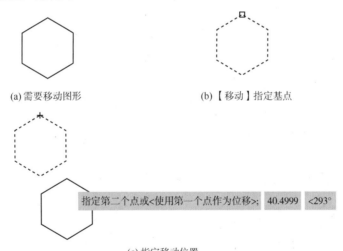

(a) 需要移动图形　　　　　　　　　　(b)【移动】指定基点

指定第二个点或<使用第一个点作为位移>：　40.4999　<293°

(c) 指定移动位置

图4-9　【移动】命令使用方法

三、旋 转 对 象

旋转对象是用户将图形按照一定角度旋转后，满足用户的要求。旋转后图形的变化由旋转的基点与角度决定。

启动旋转对象命令有4种方法：

(1) 菜单栏：【修改】|【旋转】命令。

(2) 功能区：【常用】|【修改】|【旋转】按钮 ⟳。

(3) 命令行：输入"ROTATE"并执行。

(4) 工具栏：【修改】|【旋转】按钮 ⟳。

用户在选择【旋转】命令后，选择需要旋转的对象，然后选择旋转基点，确定旋转角度，完成旋转，如图4-10所示。

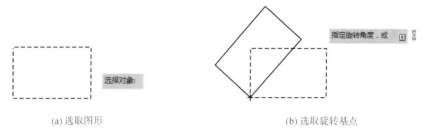

(a) 选取图形　　　　　　　　　　　　　　(b) 选取旋转基点

图4-10　【旋转】命令使用方法

第三节　复制、阵列、偏移和镜像对象

AutoCAD 2012给用户提供了便捷的图形复制、阵列、偏移和镜像命令，为减少绘图过程中相同图形的重复绘制，提高了用户绘图的工作效率。

一、复 制 对 象

启动复制对象命令有4种方法：

(1) 功能区：【常用】|【修改】|【复制】按钮。

(2) 命令行：输入"COPY"并执行。

(3) 菜单栏：【修改】|【复制】命令。

(4) 工具栏：【修改】|【复制】按钮。

用户选择【复制】命令后，选择需要复制的对象，然后在绘图区指定基点或者在命令行输入位移，按【Enter】键确认后进行对象复制，如图4-11所示，复制完成后，指定第二点或者退出(E)或放弃(U)，完成复制。

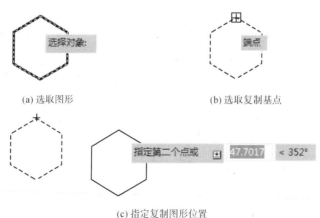

(a) 选取图形　　　　　　　　　　　　(b) 选取复制基点

(c) 指定复制图形位置

图4-11　【复制】命令使用方法

二、阵 列 对 象

AutoCAD 2012给用户提供阵列命令，通过该方法可以按照指定方式排列多个复制对象，阵

列选项包括：【矩形阵列】创建复制对象行阵列；【环形阵列】创建围绕圆心复制对象阵列；【路径阵列】创建指定路径复制对象阵列。

1.【矩形阵列】 用户通过设定复制对象的行、列的数量以及行、列之间的距离实现阵列。

启动矩形阵列命令有4种方法：

(1) 菜单栏：【修改】|【矩形阵列】命令。

(2) 功能区：【常用】|【修改】|【矩形阵列】按钮 。

(3) 命令行：输入"ARRAYRECTE"并执行。

(4) 工具栏：【修改】|【矩形阵列】按钮 。

用户选择【矩形阵列】命令后，选择需要阵列的对象，然后依次按照命令提示选择项目间隔；行、列的数量及行列间距等信息。如图4-12所示。

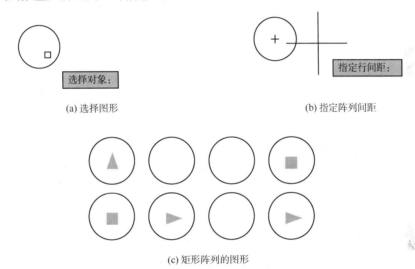

(a) 选择图形   (b) 指定阵列间距

(c) 矩形阵列的图形

图4-12 【矩形阵列】命令使用方法

2.【环形阵列】 用户通过设定复制对象围绕的圆心或者在一个基点周围以一定角度旋转来复制对象，实现阵列。

启动环形矩阵命令有4种方法：

(1) 菜单栏：【修改】|【环形阵列】命令。

(2) 功能区：【常用】|【修改】|【环形阵列】按钮 。

(3) 命令行：输入"ARRAYPOLAR"并执行。

(4) 工具栏：【修改】|【环形阵列】按钮 。

用户选择【环形阵列】命令后，系统要求选择路径，指定圆心或基点，输入项目数，确定填充的环形角度，然后根据快捷菜单，完成环形阵列路径，如图4-13所示。

3.【路径阵列】 用户根据预先设定好的路径，均匀分布阵列对象，阵列路径可以是直线、多段线、样条曲线、三维多段线等构成。

启动路径阵列命令有4种方法：

(1) 菜单栏：【修改】|【路径阵列】命令。

(2) 功能区：【常用】|【修改】|【路径阵列】按钮 。

(3) 命令行：输入"PATH"并执行。

(4) 工具栏：【修改】|【路径阵列】按钮 。

(a) 选择图形

(b) 指定阵列圆心或基点

(c) 快捷菜单

图4-13 【环形阵列】命令使用方法

用户选择【路径阵列】命令后，系统提示选择路径，然后选择路径上的项目数，再选择项目间隔，完成路径阵列，如图4-14所示。

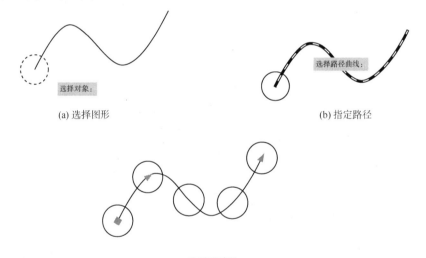

(a) 选择图形

(b) 指定路径

(c) 陈列后图形

图4-14 【路径阵列】命令使用方法

三、偏 移 对 象

偏移对象是指用户对绘图中指定的直线、圆弧、圆等对象，做同心偏移复制，该命令可以用来绘制相似的图形。

启动偏移对象命令有4种方法：

(1) 菜单栏：【修改】|【偏移】命令。

(2) 功能区：【常用】|【修改】|【偏移】按钮 。

(3) 命令行：输入"OFFSET"并执行。

(4) 工具栏:【修改】|【偏移】按钮 。

用户选择【偏移】命令后,根据提示输入偏移距离,指定偏移复制指定点,然后执行,如图4-15所示。

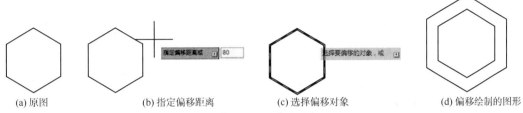

(a) 原图　　　(b) 指定偏移距离　　　(c) 选择偏移对象　　　(d) 偏移绘制的图形

图4-15 【偏移对象】命令使用方法

四、镜 像 对 象

AutoCAD 2012给用户提供镜像命令,用户根据需要把已绘制好的图形复制到其他的地方。

启动镜像对象命令有4种方法:

(1) 菜单栏:【修改】|【镜像】命令。

(2) 功能区:【常用】|【修改】|【镜像】按钮 。

(3) 命令行:输入"MIRROR"并执行。

(4) 工具栏:【修改】|【镜像】按钮 。

用户选择【镜像】命令后,根据系统提示选择需要镜像的对象,指定镜像线的第一点和第二点,然后按【Enter】镜像复制对象,可以保留原对象,也可删除原对象,如图4-16所示。

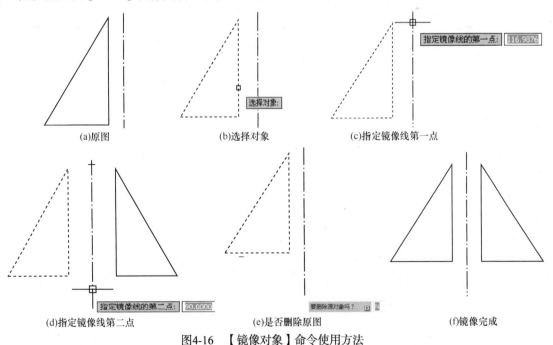

(a)原图　　　(b)选择对象　　　(c)指定镜像线第一点

(d)指定镜像线第二点　　　(e)是否删除原图　　　(f)镜像完成

图4-16 【镜像对象】命令使用方法

第四节　修改对象的形状和大小

AutoCAD 2012给用户提供了【修剪】、【延伸】、【缩放】、【拉伸】和【拉长】命令,属于扩展编辑工具，用来修改对象的形状和大小。

一、修 剪 对 象

修剪对象是指用户将一个对象按照另一个对象或者投影面作为边界，剪断并删除边界一侧的部分。启动修剪对象命令有4种方法：

(1) 菜单栏：【修改】|【修剪】命令。

(2) 功能区：【常用】|【修改】|【修剪】按钮 ╱ 。

(3) 命令行：输入"TRIM"并执行。

(4) 工具栏：【修改】|【修剪】按钮 ╱ 。

用户选择【修剪】命令后，根据系统提示，选择剪切边(即修剪对象事先确定的修剪边界)，然后选择修剪对象(即被修剪边)，完成修剪命令，如图4-17所示。

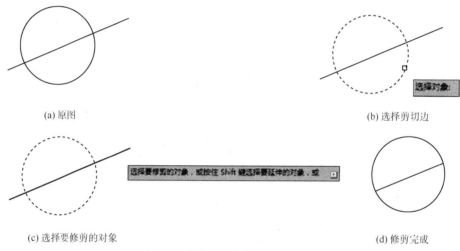

(a) 原图   (b) 选择剪切边

(c) 选择要修剪的对象   (d) 修剪完成

图4-17 【修剪对象】命令使用方法

二、延 伸 对 象

延伸对象刚好与修剪对象相反，指用户将一个对象或者投影面作为边界进行延长编辑。启动延伸对象命令有4种方法：

(1) 菜单栏：【修改】|【延伸】命令。

(2) 功能区：【常用】|【修改】|【延伸】按钮 ╌╱ 。

(3) 命令行：输入"EXTEND"并执行。

(4) 工具栏：【修改】|【延伸】按钮 ╌╱ 。

用户选择【延伸】命令后，根据系统提示选择图形作为被延伸的边界，然后选择对象，选择要边(E)，然后执行，如图4-18所示。

三、缩 放 对 象

缩放对象是指用户将一个对象按照一定比例，相对于基点放大或缩小。启动缩放对象命令有4种方法：

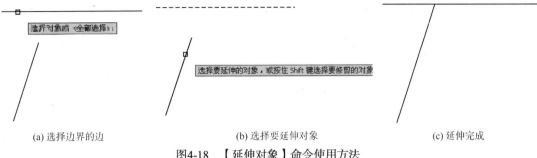

(a) 选择边界的边 　　　　　(b) 选择要延伸对象 　　　　　(c) 延伸完成

图4-18　【延伸对象】命令使用方法

(1) 菜单栏：【修改】|【缩放】命令。

(2) 功能区：【常用】|【修改】|【缩放】按钮。

(3) 命令行：输入"SCALE"并执行。

(4) 工具栏：【修改】|【缩放】按钮。

用户选择【缩放】命令后，根据系统提示选择对象，然后选择基点，指定比例因子，然后执行，如图4-19所示。

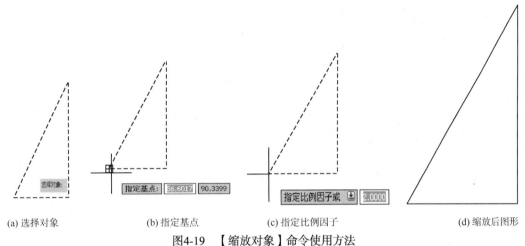

(a) 选择对象 　　　　(b) 指定基点 　　　　(c) 指定比例因子 　　　　(d) 缩放后图形

图4-19　【缩放对象】命令使用方法

四、拉 伸 对 象

拉伸对象是指用户将一个对象端点拉伸到不同位置。启动拉伸对象命令有4种方法：

(1) 菜单栏：【修改】|【拉伸】命令。

(2) 功能区：【常用】|【修改】|【拉伸】按钮。

(3) 命令行：输入"STRETCH"并执行。

(4) 工具栏：【修改】|【拉伸】按钮。

用户选择【拉伸】命令后，根据系统提示选择对象，必须以交叉窗口或者交叉多边形方式选择，指定基点，然后执行，如图4-20所示。

五、拉 长 对 象

拉长对象是指用户将直线或圆弧的尺寸放大或缩小。启动拉长对象命令有4种方法：

(a) 交叉窗口选择对象　　　　(b) 选择基点　　　　(c) 拉伸完成

图4-20　【拉伸对象】命令使用方法

(1) 菜单栏:【修改】|【拉长】命令。

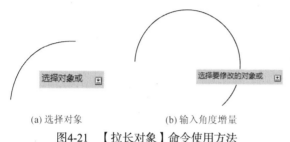

(a) 选择对象　　　　(b) 输入角度增量

图4-21　【拉长对象】命令使用方法

(2) 功能区:【常用】|【修改】|【拉长】按钮。

(3) 命令行:输入 "LENGTHEN" 并执行。

(4) 工具栏:【修改】|【拉长】按钮。

用户选择【拉长】命令后,根据系统提示选择对象,然后输入增加长度或角度增量,单击需要修改的对象后,如图4-21所示。

第五节　倒角与圆角

在Auto CAD 2012中,提供给用户【倒角】和【圆角】命令用来修改对象,使其以平角或者圆角相连接。

一、倒　角　对　象

倒角对象是指用于两条非平行直线进行相交连接。启动倒角对象命令有4种方法:

(1) 菜单栏:【修改】|【倒角】命令。

(2) 功能区:【常用】|【修改】|【倒角】按钮。

(3) 命令行:输入 "CHAMFER" 并执行。

(4) 工具栏:【修改】|【倒角】按钮。

用户选择【倒角】命令后,根据系统提示选择第一条直线,然后根据命令行的提示,分别对第一个倒角距离和第二个倒角距离或角度进行设置,如图4-22所示,然后分别选择第一、第二条直线,执行命令,如图4-23所示。

二、圆　角　对　象

圆角对象是指将两个线性对象之间以圆弧相连接。启动圆角对象命令有4种方法:

(1) 菜单栏:【修改】|【圆角】命令。

(2) 功能区:【常用】|【修改】|【圆角】按钮。

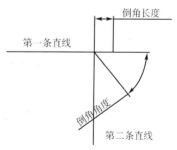

图4-22　倒角长度与倒角角度示意图

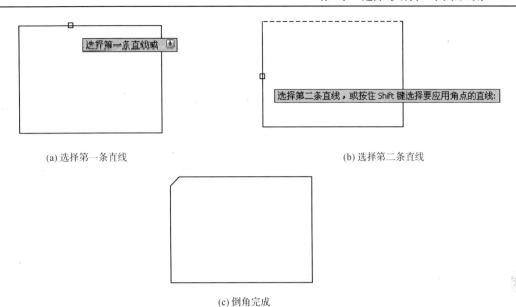

(a) 选择第一条直线　　　　　　　　　　　　　　　　(b) 选择第二条直线

(c) 倒角完成

图4-23　【倒角对象】命令使用方法

(3) 命令行：输入"FILLET"并执行。

(4) 工具栏：【修改】|【圆角】按钮 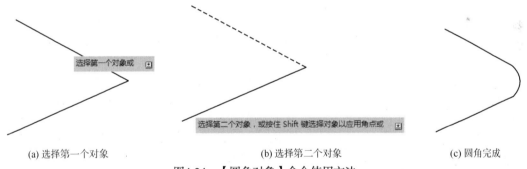。

用户选择【圆角】命令后，根据系统提示选择第一个对象，然后指定圆角半径，再选择第二个对象，执行命令，如图4-24所示。

(a) 选择第一个对象　　　　　　　　　(b) 选择第二个对象　　　　　　　　(c) 圆角完成

图4-24　【圆角对象】命令使用方法

第六节　分解、合并与打断对象

一、分解对象

分解对象是指用户对多个组合对象的组成元素进行编辑。启动分解对象命令有4种方法：

(1) 菜单栏：【修改】|【分解】命令。

(2) 功能区：【常用】|【修改】|【分解】按钮。

(3) 命令行：输入"EXPLODE"并执行。

(4) 工具栏：【修改】|【分解】按钮。

用户选择【分解】命令后，根据系统提示选择要分解的对象，如图4-25(a)，选择对象后按【Enter】键，执行命令，分解后的图形对象如图4-25(b)所示。

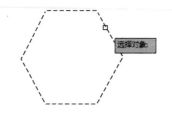
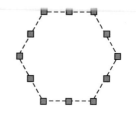

(a) 选择对象后绘图区所显示的图形　　　　　　(b) 用【分解】命令绘制的图形

图4-25　【分解】命令使用方法

二、合并对象

合并线性和弯曲对象的端点，以便创建单个对象。如果需要连接某一连续图形上的两个部分，或者将某段圆弧闭合为整圆，可以使用合并对象命令。启动合并对象命令有4种方法：

(1) 菜单栏：【修改】|【合并】命令。

(2) 功能区：【常用】|【修改】|【合并】按钮 ┅ 。

(3) 命令行：输入"JOIN"并执行。

(4) 工具栏：【修改】|【合并】按钮 ┅ 。

用户选择【合并】命令后，根据系统提示选择需要合并的对象，按【Enter】键，执行命令。

三、打断对象

打断对象是指用户可以部分删除对象或者把一个图形对象分割成两部分。启动打断对象命令有4种方法：

(1) 菜单栏：【修改】|【打断】命令。

(2) 功能区：【常用】|【修改】|【打断】按钮 □ 。

(3) 命令行：输入"BREAK"并执行。

(4) 工具栏：【修改】|【打断】按钮 □ 。

用户选择【打断】命令后，系统提示"指定第二个打断点或[第一点(F)]"，默认情况下，以选择对象时的拾取点作为第一个断点，这时需要指定第二个断点。如果直接选取对象上的另一点或者对象的一端之外拾取一点，这时将删除对象上位于两个拾取点之间的部分(AutoCAD将沿逆时针方向把第一断点到第二断点之间的部分删除)；如果选择"第一点(F)"选项，可以重新确定第一个断点。

执行【打断】命令后，系统提示"选择对象"：选择点A，提示"指定第二个打断点或[第一点(F)]"：选择点B，如图4-26所示。

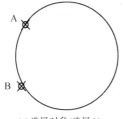
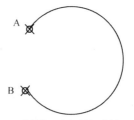

(a) 选择对象(选择A)　　　　　　　　　　(b) 选择第一个打断点(选择B)

图4-26　【打断】命令使用方法

在【修改】工具栏中，单击【打断于点】命令，可以将对象在一点处断开成两个对象，该命令是从打断命令派生出来的(图4-27)。

执行该命令时选择需要被打断的对象，然后指定打断点即可从该点打断对象。

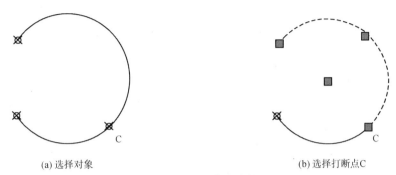

(a) 选择对象   (b) 选择打断点C

图4-27 【打断于点】命令使用方法

第七节 上 机 实 践

一、利用编辑命令绘制二维平面图形

利用复制、阵列、偏移、镜像等命令绘制如图4-28所示的图形。

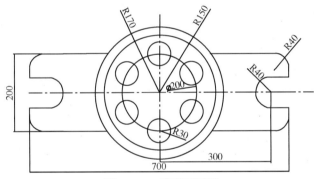

图4-28 二维平面图形

具体操作步骤如下：

(1) 单击【绘图】工具条上的直线按钮 ，利用直线命令绘制一条水平直线和一条垂直直线作为辅助线，按照命令行提示操作如下：

1) 命令：_line

2) 指定第一点：任意指定直线的起点

3) 指定下一点或【放弃(U)】：任意指定直线的终点

绘制的图形如图4-29所示。

(2) 单击【绘图】工具条上的圆按钮 ，启动圆命令，按照命令行提示操作如下：

1) 命令：_circle

2) 指定圆的圆心或[三点(3P)/两点(2P)/切点、切点、半径(T)]：捕捉图4-29中绘制的直线交点为圆心

3) 指定圆的半径或【直径(D)】<29.3086>·100

重复上述圆命令，以两直线的交点为圆心，分别绘制半径为150、170的圆。

绘制完成的图形如图4-30所示。

(3) 建立用户坐标系，选择菜单【工具】|【新建UCS(W)】|【原点(N)】，建立如图4-31所示的用户坐标系。

(4) 单击【绘图】工具条上的圆按钮，启动圆命令，按照命令行提示操作如下：

1) 命令：_circle

2) 指定圆的圆心或[三点(3P)/两点(2P)/切点、切点、半径(T)]：输入0，-100

3) 指定圆的半径或【直径(D)】<29.3086>：30

绘制完成的图形如图4-32所示。

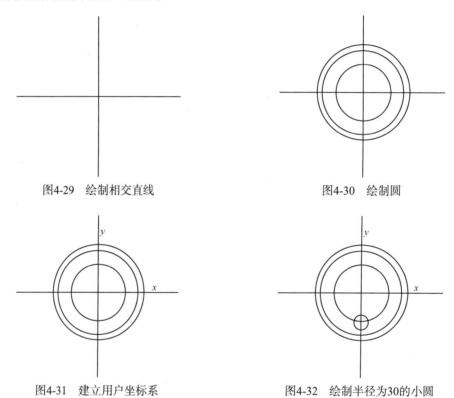

图4-29 绘制相交直线　　　　　　　　　　　图4-30 绘制圆

图4-31 建立用户坐标系　　　　　　　　　　图4-32 绘制半径为30的小圆

(5) 单击【修改】工具条上的环形阵列按钮，启动环形阵列命令，按照命令行提示操作如下：

1) 命令：_arraypolar

2) 选择对象：选择半径为30的小圆

3) 指定阵列的中心点或[基点(B)/旋转轴(A)]：指定用户坐标系原点

4) 输入项目数或[项目间角度(A)/表达式(E)]<4>：6

5) 指定填充角度(+=逆时针，-=顺时针)或[表达式(EX)]<360>：360

绘制完成的图形如图4-33所示。

(6) 单击【绘图】工具条上的矩形按钮，启动矩形命令，按照命令行提示操作如下：

1) 命令：_rectang

2) 指定第一个角点或[倒角(C)/标高(E)/圆角(F)/厚度(T)/宽度(W)]：F

3) 指定矩形的圆角半径<0.0000>：40

4) 指定第一个角点或[倒角(C)/标高(E)/圆角(F)/厚度(T)/宽度(W)]：–350，–100

5) 指定另一个角点或[面积(A)/尺寸(D)/选择(R)]：350，100

绘制的图形如图4-34所示。

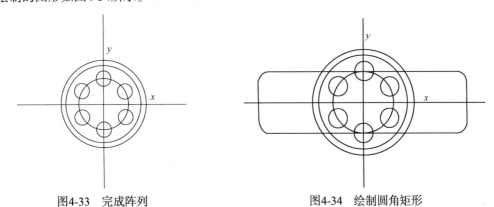

图4-33　完成阵列　　　　　　　　　　　图4-34　绘制圆角矩形

(7) 单击【绘图】工具条上的圆按钮⊘，启动圆命令，按照命令行提示操作如下：

1) 命令：_circle

2) 指定圆的圆心或[三点(3P)/两点(2P)/切点、切点、半径(T)]：300，0

3) 指定圆的半径或【直径(D)】<29.3086>：40

重复圆命令，以坐标(–300，0)为圆心，以40为半径绘制圆。

绘制完成的图形如图4-35所示。

(8) 单击【修改】工具条上的偏移按钮，启动偏移命令，按照命令行提示操作如下：

1) 命令：_offset

2) 指定偏移距离或[通过(T)/删除(E)/图层(L)]<通过>：40

3) 选择要偏移的对象，或[退出(E)/放弃(U)]<退出>：选择水平直线

4) 指定要偏移的那一侧上的点，或[退出(E)/多个(M)/放弃(U)]<退出>：在水平线上、下侧各指定一点，完成图形的绘制，如图4-36所示。

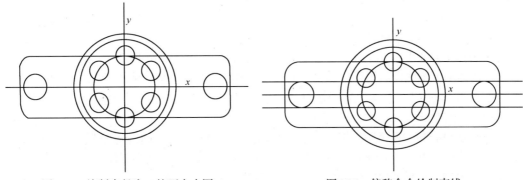

图4-35　绘制半径为40的两个小圆　　　　图4-36　偏移命令绘制直线

(9) 单击【修改】工具条上的修剪按钮，启动修剪命令，完成图形的绘制，如图4-37所示。

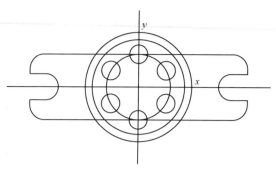

图4-37 完成图形绘制

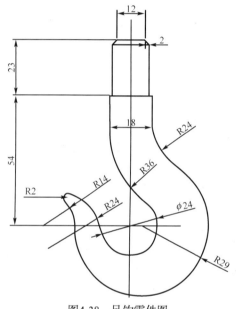

图4-38 吊钩零件图

二、绘制吊钩零件图

绘制如图4-38所示的吊钩零件图。

具体操作步骤如下：

(1) 功能区：【常用】选卡【绘图】面板【直线】按钮，以圆Φ24的圆心为基准绘制两条垂直相交的直线，作为基准定位辅助线，如图4-39(a)所示。

(2) 单击【修改】工具条上的 按钮，激活【偏移】命令，对垂直线进行多次偏移，将垂直线分别向左向右各偏移7，如图4-39(b)所示。命令行具体操作如下：

1) 指定偏移距离或[通过(T)/删除(E)/图层(L)]：输入7，按【Enter】键结束。

2) 选择要偏移的对象，或[退出(E)/放弃(U)]<退出>：选择垂直线　按【Enter】键结束。

3) 指定要偏移的那一侧上的点，或[退出(E)/多个(M)/放弃(U)]，在要偏移侧指定任意点。

4) 偏移完成后，可按【Enter】键继续执行偏移命令。

重复【偏移】命令，将垂直线分别向左向右各偏移8；按【Enter】键，重复【偏移】命令，将水平线分别向上偏移54和77，如图4-39(c)所示。

(3) 选择【修改】/【剪切】命令，将多余线条修剪，如图4-39(d)所示。

(4) 将垂直基准线向右偏移5，为R29的圆定位圆心，如图4-39(e)所示。

(5) 单击【绘图】工具条中的 按钮，使用"交点捕捉"功能，以圆心半径方式分别绘制Φ24和R29的圆，绘制结果如图4-39(f)所示。

(6) 绘制R14和R24两个圆。把R29圆心的基准线向左偏移43，与水平基准线相交于点1，并将偏移得到的线该至中心线图层，点1就为R14的圆心。将水平基准线向下偏移9，以Φ24的圆心为圆心，以Φ24与他相外切的R24两个圆的半径和36作为半径做圆，与下偏移9的水平线相交于点2；交点2即R24的圆心。

以点1为圆心，选择"圆心，半径"方式，绘制与R29相外切的R14的圆；以点2为圆心，绘制与Φ24相外切的R14的圆。绘制结果如图4-40所示。

(7) 功能区：【常用】选项卡【绘图】面板 按钮，选择"相切，相切，半径"方式分别绘制R24、R26、R2的圆。绘制结果如图4-41所示。

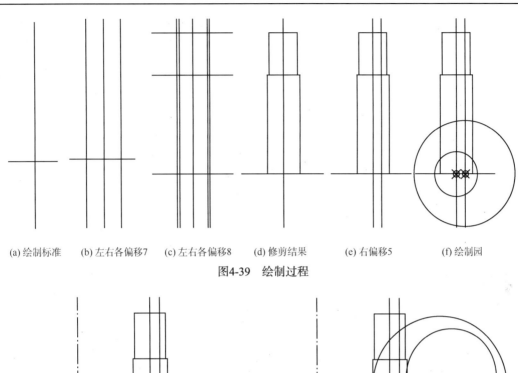

| (a) 绘制标准 | (b) 左右各偏移7 | (c) 左右各偏移8 | (d) 修剪结果 | (e) 右偏移5 | (f) 绘制园 |

图4-39 绘制过程

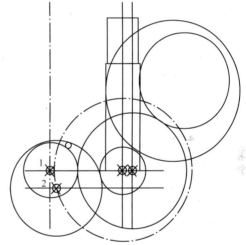

图4-40 绘制R14和R24的圆   图4-41 绘制R24，R36，R2的圆

(8) 功能区：【常用】选卡【修改】面板【修剪】按钮，修剪图形多余线条，修剪结果如图4-42所示。

(9) 选择【修改】/【倒角】命令，做出吊钩上方的倒角。按【Enter】键重复执行倒角命令。启用直线命令绘制，连接倒角的端点，如图4-43所示。命令行操作过程如下：

1) 命令：_chamfer

2) 选择第一条直线或[放弃(U)/多段线(P)/距离(D)/角度(A)/修剪(T)/方式(E)/多个(M)]，输入D，按【Enter】键结束

3) 指定第一个倒角距离，输入2，按【Enter】键结束

4) 指定第二个倒角距离，输入2，按【Enter】键结束

5) 选择第一条直线或[放弃(U)/多段线(P)/距离(D)/角度(A)/修剪(T)/方式(E)/多个(M)]：选择倒角的第一条直线

6) 选择第二条直线，或按住【shift】键选择要应用角点的直线：选择倒角的第二条直线

可按【Enter】键继续执行倒角命令，完成多个倒角对象。启用直线命令绘制。连接倒角的端点，最终完成吊钩图形的绘制，如图4-43所示。

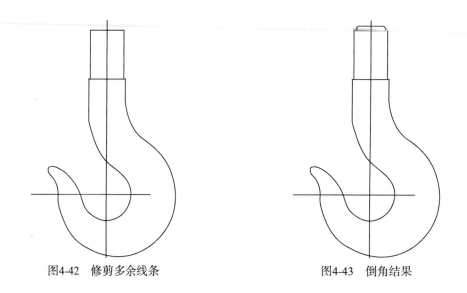

图4-42 修剪多余线条   图4-43 倒角结果

第八节 思考与练习题

一、填空题

(1) 在AutoCAD中，移动图形对象可以使用_____命令；旋转图形对象可以使用命令；删除图形对象可以使用_____命令。

(2) 在AutoCAD中，有_____和_____两种倒角方式。

(3) 在拉伸对象时，可以使用_____方式或_____方式选择对象，然后依次指定位移基点和位移矢量。

(4) AutoCAD中，使用环形阵列时，如果在"项目间角度"文本框输入的角度为负值，则对象沿_____复制，若输入的角度为正值，则对象沿_____复制。

二、简答题

(1) 如何倒角图形对象？

(2) 在拉伸只有一部分在选择窗口内的图形时，需要注意哪些问题？

三、上机操作题

(1) 绘制如图4-44所示的户型平面图。

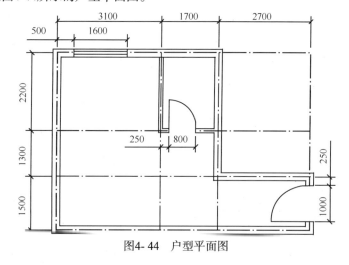

图4-44 户型平面图

(2) 绘制如图4-45所示的低压供电系统图。

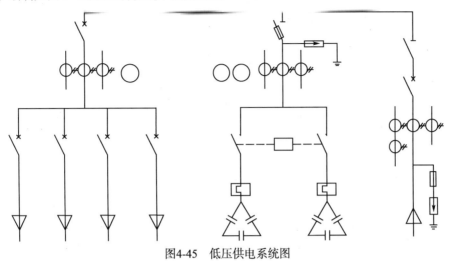

图4-45　低压供电系统图

第5章　图层与查询功能

图层是用来组织和管理图形的最有效的工具之一，它是AutoCAD的重要特点，也是计算机绘图所不可缺少的功能。通过对图层的管理，用户可以方便地观察和编辑图形。另外，在工程制图中，查询是一种很重要的功能。它能计算对象之间的距离和角度，还能够计算复杂图形的面积。

教学目标

    ★ 掌握AutoCAD创建图层的方法及属性设置。

    ★ 掌握AutoCAD管理图层的方法。

    ★ 熟悉AutoCAD查询图形信息功能。

第一节　创 建 图 层

图层是AutoCAD提供的一个管理图形对象的工具，它们就像一张张透明的图纸重叠在一起。在机械、建筑等工程制图中，图形中主要包括基准线、轮廓线、虚线、剖面线、尺寸标注以及文字说明等元素。如果用图层来管理，不仅能使图形的各种信息清晰有序，便于观察，而且也会给图形的编辑、修改和输出带来方便。

在AutoCAD中，图层具有以下特点。

(1) 用户可以在一幅图中指定任意数量的图层。系统对图层数没有限制，对每一图层上的对象数也没有任何限制。

(2) 每个图层有一个名称，以便于区分。当开始绘制新图时，AutoCAD自动创建层名为0的图层，这是AutoCAD默认图层，其余图层需由用户定义。

(3) 一般情况下，一个图层上的对象应该是一种线型，一种颜色。用户可以改变图层的线型、颜色和线宽。

(4) 用户可以同时建立多个图层，但只能在当前图层上绘图。

(5) 各图层具有相同的坐标系、绘图界限及显示时的缩放倍数。用户可以对位于不同图层上的对象同时进行编辑操作。

(6) 用户可以对各图层进行打开/关闭、冻结/解冻、锁定/解锁等操作，以决定各图层的可见性与可操作性，便于图形的显示和编辑。

当用户使用AutoCAD的绘图工具绘制对象时，该对象将位于当前图层上。AutoCAD提供了几种方式来创建和使用图层。启动图层命令有3种方法：

(1) 菜单栏：【格式】|【图层】命令。

(2) 功能区：【常用】选项卡|【图层】面板【图层特性】按钮 。

(3) 命令行：输入 "LAYER" 并执行。

执行命令后，系统将打开【图层特性管理器】对话框，如图5-1所示。

该对话框左边是图层过滤器的树状列表，右边则显示了与左边过滤条件相对应的图层列表。利用右边上方的 按钮，用户可以创建、删除图层或将某一图层设置为当前图层。

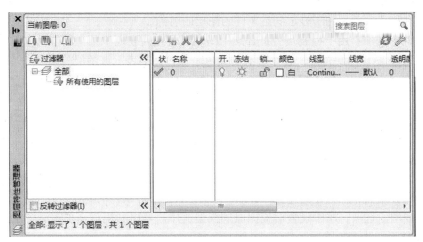

图5-1 【图层特性管理器】对话框

一、创建与删除图层

单击【图层特性管理器】对话框的【新建图层】按钮 ，图层列表将自动添加名称为 "图层1" 的图层。连续单击该按钮，系统将在图层列表中继续添加名称为"图层N"的图层，其中，N为1，2，3等自然数，用户可以根据实际需要重新设置图层名称，如图5-2所示。

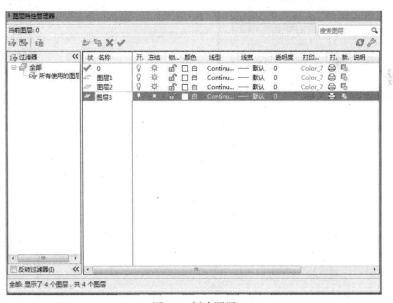

图5-2 创建图层

如果要删除图层，用户可以选中要删除的图层，然后单击对话框上的【删除】按钮 ，即可删除图层。

二、设置图层属性

图层属性是指图层的名称、线型、颜色、开关状态、冻结状态、锁定状态和打印样式等。下面分别介绍这些属性的含义。

(1)【状态】选项：用于显示当前图层所处的状态。

(2)【名称】选项：用于显示满足条件的图层的名称。

(3)【开】选项：用于控制是否打开某个图层。若在列表框中某个图层对应的小灯泡的颜色是黄色，则表示该图层打开；若小灯泡的颜色是灰色，则表示该图层关闭。

(4)【冻结】选项：用于控制图层的冻结与解冻状态。图层被冻结后，图层上的图形对象既不可见，也不能打印输出，且不参与重生成图形的计算。

(5)【锁定】选项：用于控制图层的锁定与解锁状态。锁定一个图层并不影响其显示状态，即只要该层是打开和未被冻结的，处于锁定层上的图形仍然可以显示出来。但锁定图层上的对象不能被编辑。

(6)【颜色】选项：用于显示图层的颜色。用户若想设置某一图层的颜色，单击该图层的颜色图标，系统将弹出如图5-3所示的【选择颜色】对话框，用户可以利用该对话框进行颜色的设置。

(7)【线型】选项：用于设置对应图层的线型。用户可以利用该选项控制图层的线型。加载线型的具体操作步骤如下：

单击选定图层的线型名称，系统将弹出如图5-4所示的【选择线型】对话框，该对话框显示当前可用的线型，如果用户需要选择其他线型，可以单击该对话框中的【加载】按钮，在弹出的【加载或重载线型】对话框中选择需要的线型，如图5-5所示。

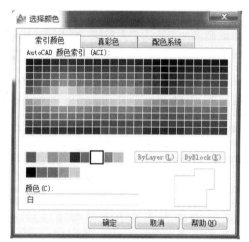

图5-3 【选择颜色】对话框

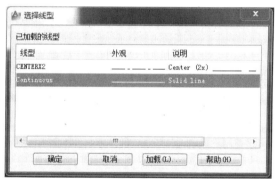

图5-4 【选择线型】对话框

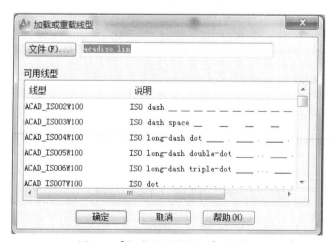

图5-5 【加载或重载线型】对话框

(8)【线宽】选项：用于设置新的线型宽度。用户可以在【图层特性管理器】对话框的"线宽"列中单击该图层对应的线宽"—默认"，打开【线宽】对话框，如图5-6所示，从中选择所需要的线宽。在AutoCAD 2012中有20多种线宽可供用户选择。

用户还可以选择菜单【格式】|【线宽】命令或在命令行输入并执行"LWEIGHT"命令，系统将打开【线宽设置】对话框，如图5-7所示。通过调整线宽比例，使图形中的线宽显示得更宽或更窄。

图5-6 【线宽】对话框

图5-7 【线宽设置】对话框

(9)【打印样式】选项：用于设置图层的打印样式。但如用的是彩色绘图仪，则不能改变打印样式。

(10)【打印】选项：用于控制所选图层是否可被打印。如果关闭某层的打印开关，则该图层上的图形对象可以显示但不能打印。

第二节 管理图层

一、过滤图层

单击【图层特性管理器】对话框中的【新特性过滤器】按钮，系统弹出【图层过滤器特性】对话框，如图5-8所示，用户可以通过该对话框基于一个或多个图层特性创建图层过滤器。

下面简要介绍该对话框的各选项功能：

(1)【过滤器名称】文本框：用于输入过滤器的名称。

(2)【过滤器定义】列表：用于设置过滤条件。单击列表中的文本框，用户可从打开的下拉列表或对话框中设置过滤条件。

(3)【过滤器预览】列表框：该列表框列出了所有符合过滤条件的图层。

另外，用户还可以单击【新组过滤器】按钮 直接创建一个图层过滤器，该过滤器包含用户选定并添加到该过滤器的图层。

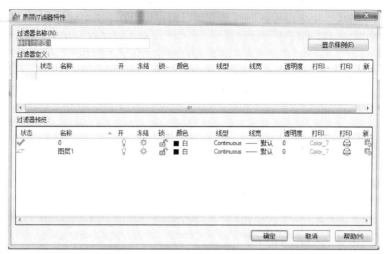

图5-8 【图层过滤器特性】对话框

二、切换当前层

在【图层特性管理器】对话框的图层列表中，选择某一图层后，单击【当前图层】按钮 ✓ ，即可将该层设置为当前层。这时，用户就可以在该层上绘制或编辑图形了。

在实际绘图时，为了便于操作，主要通过【对象特性】工具栏中的图层控制下拉列表框实现图层的切换，这时只需要选择要将其设置为当前层的图层名称即可。

三、改变对象所在图层

在实际绘图中，如果绘制完某一图形元素后，发现该元素并没有绘制在预先设置的图层上，可选中该图形元素，并在【图层】工具栏的图层控制下拉列表框中选择预设图层名，然后按ESC键即可。

第三节 查询图形信息

在工程设计绘图中，有时需要查询与图形有关的信息。AutoCAD提供了多种图形查询功能，如查询距离、面积和面域/质量特性，列表显示和点坐标，时间、状态和设置变量等。下面分别介绍其中几种常用的查询方法。

一、查询两点间的距离

使用AutoCAD 2012的查询距离功能可以获得两点之间的距离。启动查询距离命令有4种方法：

(1) 菜单栏：选择【工具】|【查询】|【距离】命令。

(2) 工具栏：单击【查询】工具栏中的【距离】按钮 🖳 。

(3) 功能区：【工具】选项卡|【查询】面板|【距离】按钮 🖳 。

(4) 命令行：输入"DIST"并执行。

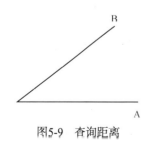

图5-9 查询距离

计算如图5-9所示的点A和点B的距离，其操作步骤如下：

(1) 命令：输入"DIST"并执行。

(2) 指定第一点：捕捉点A。

(3) 指定第二点：捕捉点B。

```
距离 = 517.3450, XY 平面中的倾角 = 303,    与 XY 平面的夹角 = 0
X 增量 = 283.2184,    Y 增量 = -432.9355,    Z 增量 = 0.0000
```

上面提示中选项功能如下：

1) 距离：指定两点间的距离。

2) XY平面中的倾角：两点连线在XY平面上的投影与X轴间的夹角。

3) 与XY平面的夹角：两点连线与XY平面间的夹角。

4) X增量：两点的X坐标差值。

5) Y增量：两点的Y坐标差值。

6) Z增量：两点的Z坐标差值。

二、查询面积和周长

AutoCAD提供的查询面积命令，可以方便地查询用户指定的区域的面积和周长，启动计算面积和周长命令有如下4种方法：

(1) 菜单栏：选择【工具】|【查询】|【面积】命令。

(2) 工具栏：单击【查询】工具栏中的【面积】按钮 。

(3) 功能区：【工具】选项卡|【查询】面板|【区域】按钮 。

(4) 命令行：输入"AREA"并执行。

计算如图5-10所示图形的面积和周长，其操作步骤如下：

(1) 命令：输入"AREA"并执行。

(2) 指定第一个角点或[对象(O)／增加面积(A)／减少面积(S)]<对象(O)>：捕捉点A。

(3) 指定下一个点或[圆弧(A)／长度(L)／放弃(U)]：捕捉点B。

(4) 指定下一个点或[圆弧(A)／长度(L)／放弃(U)]：捕捉点C。

(5) 指定下一个点或[圆弧(A)／长度(L)／放弃(U)／总计(T)]<总计>：捕捉点D。

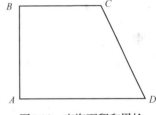

图5-10 查询面积和周长

(6) 指定下一个点或[圆弧(A)／长度(L)／放弃(U)／总计(T)]<总计>：右键确认。

```
区域 = 407100.0000, 周长 = 2631.8912
```

上面提示中各选项功能如下：

1) 对象(O)：计算选定对象的面积和周长。如果选择开放的多段线，将假设从最后一点到第一点绘制了一条直线，然后计算所围区域的面积。计算周长时，将忽略该直线的长度。

2) 增加面积(A)：计算各个定义区域和对象的面积、周长，也可计算所有定义区域和对象的总面积。

3) 减少面积(S)：用于减去指定区域面积。

注意：在计算某对象的面积和周长时，如果该对象不是封闭的，则系统在计算面积时认为该对象的第一点和最后一点间通过直线进行封闭；在计算周长时则为对象的实际长度，而不考虑对象的第一点和最后一点间的距离。

第四节 上 机 实 践

创建并设置如表5-1所示的图层并保存文件。

表5-1　新建图层列表

名称	颜色	线宽	线型
中心线	红	0.15	Center
虚线	绿	0.15	Dashed
轮廓线	蓝	0.5	Continous
辅助线	黄	0.15	Continous

具体操作步骤如下：

(1) 选择【图层】面板上图标█，系统弹出【图层特性管理器】对话框，如图5-11所示。

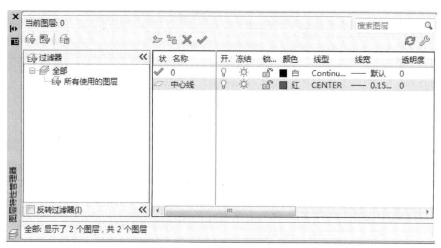

图5-11　【图层特性管理器】和新建"中心线"图层

(2) 单击 █ 按钮，在图层列表中将出现一个新的图层项目并处于选中状态。更改图层名称为"中心线"，单击颜色选项弹出【选择颜色】对话框，如图5-12所示，选择红色，后单击【确定】按钮，完成颜色的选择；再单击线型选项，弹出【选择线型】对话框，如图5-13所示，在该对话框中的右下角单击【加载】按钮，弹出【加载或重载线型】对话框，如图5-14所示，选择所需的Center线型，单击【确定】后返回【线型】对话框，在该对话框中选中"CENTER"后单击【确定】按钮，即完成线型的选择；再单击【线宽】选项，弹出【线宽】对话框，如图5-15所示，选择0.15mm线宽即可。

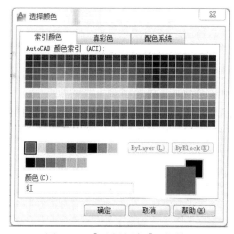

图5-12　【选择颜色】对话框

图5-13　【选择线型】对话框

图5-14 【加载或重载线型】对话框

图5-15 【线宽】对话框

(3) 其他图层的设置同上。完成结果如图5-16所示。

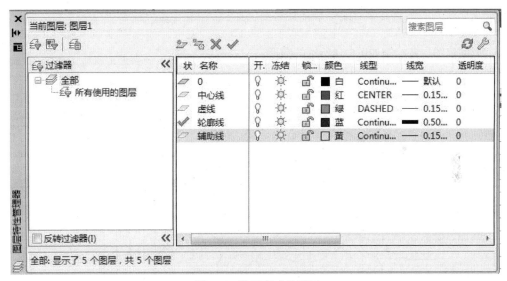

图5-16 设置完成的图层

(4) 打开【常用】功能区【图层】上的图层控制列表，将显示已有的全部图层情况，如图5-17所示。

(5) 在快速访问工具栏中单击【保存】按钮，系统将打开【图形另存为】对话框，选择保存路径为可移动磁盘，输入"A4.dwg"为文件名，单击【保存】按钮将文件存盘，以便后续绘图使用。

图5-17 图层控制列表

第五节 思考与练习题

一、填空题

(1) 在AutoCAD中，使用_____对话框可以创建图层。

(2) 在使用图层绘制图形时，新对象的各种特性将默认为＿＿＿＿＿＿，即由当前图层的默认设置决定。

(3) 在AutoCAD中设置线型，可选择＿＿＿＿＿＿命令。

(4) 在AutoCAD中，用于计算空间中任意两点间的距离和角度的命令是＿＿＿＿＿。

(5) 在AutoCAD中，用于查询面积和周长的命令是＿＿＿＿＿。

二、简答题

(1) 图层的特性有哪些？如何设置？

(2) 在绘制图形时，如果发现某一个图形没有绘制在预先设置的图层上，应如何纠正？

三、上机操作题

(1) 创建如表5-2所示的简单图层。

表5-2 图层设置要求

图层名	颜色	线型
轮廓线层	白色	Continous
虚线	绿色	Dashed
辅助线层	红色	Center

(2) 创建图层并绘制如图5-18所示的图形。

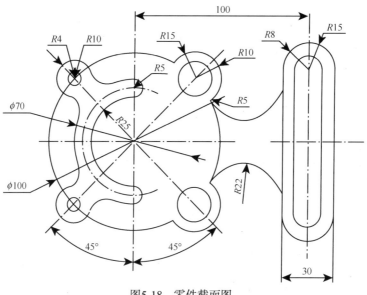

图5-18 零件截面图

第6章 图块、外部参照与设计中心

在工程绘图中，常常要使用一些常用的图形符号，为了减少重复工作，AutoCAD提供了图块功能，块就是将多个实体组合成一个整体，并为其命名后保存，在以后的图形编辑中，该整体就被视为一个实体。在绘制图形时，如果一个图形需要参照其他图形或者图像来绘制，而用户又不希望占用太多的存储空间，这时就可以使用外部参照功能。本章主要介绍在AutoCAD中如何使用块、外部参照和设计中心。

教学目标
★ 掌握AutoCAD中图块的创建和插入。
★ 掌握AutoCAD中创建带属性的图块与块编辑。
★ 掌握AutoCAD中外部参照的使用。
★ 了解AutoCAD设计中心。

第一节 创 建 图 块

在绘制图形时，如果图形中有大量相同或相似的内容，用户就可以把其创建成块，同时还可以指定块的名称、用途及设计者等信息，绘图需要时，再把块插入到图形中。

一、创建内部图块

创建内部图块是指在当前图形中创建图块。在AutoCAD 2012中，创建内部图块有如下4种方法：

(1) 菜单栏：选择【绘图】|【块】|【创建】命令。
(2) 功能区：【插入】选项卡【块定义】面板中【创建块】按钮 。
(3) 工具栏：【绘图】工具栏中【创建块】按钮 。
(4) 命令行：输入"BLOCK"并执行。

执行该命令后，将打开【块定义】对话框，在【名称】文本框中输入块名称；在【基点】选项组中单击【拾取点】按钮，切换到绘图窗口中指定块的插入基点；在【对象】选项组中单击【选择对象】按钮，如图6-1所示。暂时关闭【块定义】对话框，在命令行中系统提示"选择对象"，在绘图窗口中选择需要定义成块的图形对象，然后在键盘上按下Enter键，如图6-2所示。

返回到【块定义】对话框，单击【确定】按钮即可创建内部图块，如图6-3所示。

二、创建外部图块

外部图块又称为外部图块文件，它是以文件的形式保存在计算机中。当定义好外部图形文件后，当前文件或其他文件均可调用该图块插入到文件中。下面介绍在AutoCAD 2012中创建外部图块的操作方法。

(1) 在命令行中输入命令"WBLOCK"，然后在键盘上按下Enter键。

图6-1　【块定义】对话框

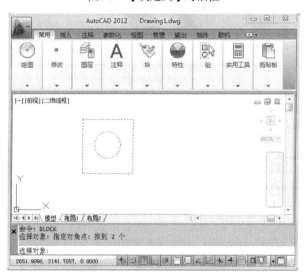

图6-2　选择要定义成块的图形对象

图6-3　单击【确定】按钮创建内部图块

(2) 弹出【写块】对话框，选中【转换为块】单选按钮；在【对象】选项组中单击【选择对象】按钮，如图6-4所示。

图6-4 【写块】对话框

(3) 暂时关闭【写块】对话框，返回到AutoCAD 2012工作界面，在命令行中系统提示"选择对象"，在绘图窗口中选择需要定义成块的图形对象，然后在键盘上按下Enter键，如图6-5所示。

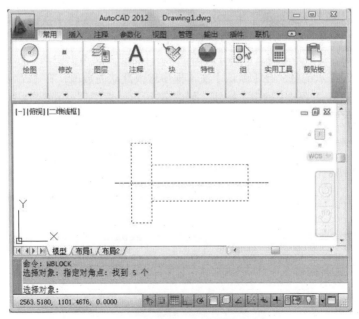

图6-5 选择要定义成块的图形对象

(4) 返回到【写块】对话框，单击【确定】按钮即可创建外部图块，如图6-6所示。

图6-6 单击【确定】按钮创建外部图块

第二节 定义与编辑图块属性

一、定义图块属性

图块除了包含图形对象以外，还可以具有非图形信息。图块的这些非图形信息叫作图块的属性，它是图块的组成部分，与图形对象一起构成一个整体，在插入图块时，AutoCAD把图形对象和属性一起插入到图形中。定义图块属性的操作方法有3种：

(1) 菜单栏：选择【绘图】|【块】|【定义属性】命令。

(2) 功能区：【插入】选项卡【块定义】面板中单击【定义属性】按钮 。

(3) 命令行：输入"ATTDEF"并执行。

执行该命令后，将打开【定义属性】对话框，在【标记】文本框中输入标记的名称，在【提示】文本框中输入提示信息，在【默认】文本框中输入默认的数值，在【文字高度】文本框中输入文字高度的数值，单击【确定】按钮，如图6-7所示。返回到AutoCAD 2012工作界面，在命令行中系统提示"指定起点"，在绘图窗口中指定定义块属性的位置，如图6-8所示。

图6-7 【属性定义】对话框

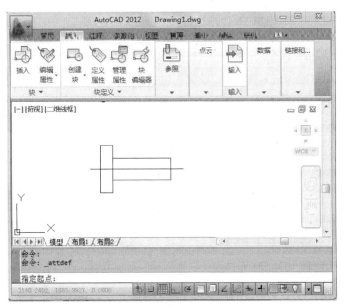

图6-8　指定定义块属性的位置

通过以上操作即可在AutoCAD 2012中定义图块属性，如图6-9所示。

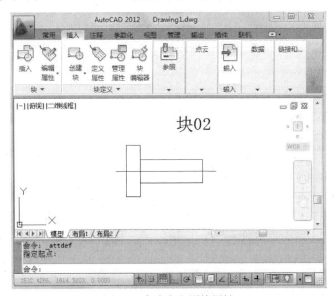

图6-9　完成定义图块属性

二、编辑图块属性

在AutoCAD 2012中创建带属性的块后，用户可以对图块属性进行编辑，这样图形中所有块参照的属性信息具有统一性。启动编辑图块属性命令有4种方法：

(1) 菜单栏：选择【修改】|【对象】|【属性】|【块属性管理器】命令。

(2) 功能区：【插入】选项卡【块定义】面板中单击【管理属性】按钮。

(3) 工具栏：【修改Ⅱ】工具栏中【快属性管理器】按钮。

(4) 命令行：输入"BATTMAN"并执行。

执行该命令后，将打开【块属性管理器】对话框，在【块】下拉列表框中选择需要编辑的块；单击【编辑】按钮，如图6-10所示。弹出【编辑属性】对话框，切换到【属性】选项卡，在【标记】文本框中修改标记名称，如"块01"，在【默认】文本框中修改默认的信息，单击【确定】按钮，如图6-11所示。

图6-10 【块属性管理器】对话框

图6-11 【属性】选项卡

返回到【块属性管理器】对话框，单击【应用】按钮，单击【确定】按钮，如图6-12所示。通过以上操作即可在AutoCAD 2012中编辑图块属性，如图6-13所示。

图6-12 返回到【块属性管理器】对话框

图6-13 完成编辑图块属性

第三节 插入图块

完成图块的定义后，就可以将块插入到图形当中。启动插入图块命令有4种方法：

(1) 菜单栏：选择【插入】|【块】命令。

(2) 功能区：【插入】面板中单击【插入块】按钮。

(3) 工具栏：【绘图】工具栏中【插入块】按钮。

(4) 命令行：输入"INSERT"并执行。

执行该命令后，将打开【插入】对话框，在【名称】下拉列表框中选择已经定义块属性的图块，单击【确定】按钮，如图6-14所示。返回到AutoCAD 2012工作界面，在命令行中系统提示"指定块的插入点"，在绘图窗口中指定块插入的点，如图6-15所示。

在命令行中系统提示"指定旋转角度<0>"，默认旋转角度为"0"，然后在键盘上按下Enter键，如图6-16所示。通过以上操作即可插入已定义属性的图块。

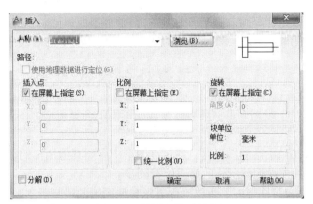

图6-14　【插入】对话框

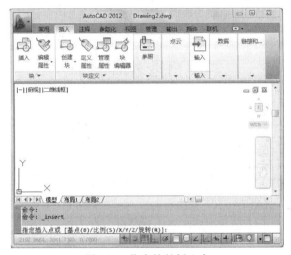

图6-15　指定块的插入点

图6-16　指定旋转角度

第四节　外　部　参　照

外部参照是把已有的图形文件链接到当前图形文件中。外部参照与块的主要区别在于，插入图块是将块的图形数据全部插入到当前图形中；而外部参照只记录参照图形位置等链接信息，并不插入该参照图形的图形数据。外部参照的图形会随着原图形的修改而更新。

一、了解外部参照

在AutoCAD 2012中，使用外部参照可以生成图形而不会显著增加图形文件的大小。下面介绍外部参照的特点。

(1) 在AutoCAD 2012中绘制图形时，通过在图形中参照其他用户的图形可以协调用户之间的工作，从而保证与其他设计师所作的修改保持同步。

(2) 使用外部参照设计图形时，可以确保显示参照图形的最新版本。

(3) 当设计工程完成并归档时，可将附着的参照图形和当前图形永久地合并到一起。

(4) 与块参照相同，外部参照在当前图形中以单个对象的形式存在。但是，必须首先绑定外部参照才能将其分解。

二、附着外部参照

附着外部参照是指将参照图形链接到当前图形中，这样不用真正插入图形，从而节省了磁盘空间。

启动外部参照有3种方法：

(1) 菜单栏：选择【插入】|【DWG参照】或其他参照格式命令。

(2) 工具栏：【参照】工具栏中【附着外部参照】按钮 。

(3) 命令行：输入"XATTACH"并执行。

执行该命令后，将打开【选择参照文件】对话框，在【查找范围】下拉列表框中选择参照文件存放的位置，在【名称】区域中选择要附着外部参照的参照文件，单击【打开】按钮，如图6-17所示。弹出【附着外部参照】对话框，在【名称】下拉列表框中显示添加的参照文件名称；在【路径类型】下拉列表框中选择【完整路径】选项；在【插入点】选项组中选中【在屏幕上指定】复选框；单击【确定】按钮，如图6-18所示。

图6-17 【选择参照文件】对话框

图6-18　【附着外部参照】对话框

在命令行中系统提示"指定插入点"，在绘图窗口中指定参照文件的位置，如图6-19所示。通过以上方法即可在AutoCAD 2012中附着外部参照，如图6-20所示。

图6-19　指定插入点

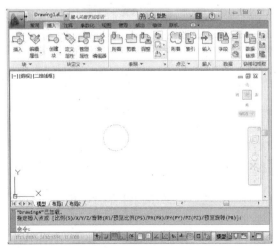

图6-20　完成附着外部参照

二、绑定外部参照

在AutoCAD 2012中，用户将外部参照绑定到图形上后，外部参照即成为图形中固有的部分，而不再是外部参照文件，这样更方便对图形进行分类和传递等操作。下面介绍绑定外部参照的操作方法。启动外部参照有2种方法：

(1) 菜单栏：选择【插入】|【外部参照】命令。

(2) 工具栏：【参照】工具栏中【外部参照】按钮 。

执行该命令后，将打开【外部参照】面板，单击准备绑定的外部参照选项，在弹出的快捷菜单中选择【绑定】命令，如图6-21所示。弹出【绑定外部参照/DGN参考底图】对话框，单击【确定】按钮即可在AutoCAD 2012中绑定外部参照，如图6-22所示。

图6-21 【绑定】命令

图6-22 【绑定外部参照/DGN参考底图】对话框

第五节 设 计 中 心

设计中心是管理图形或图形项目的工具，使用设计中心，用户可以对图形、块、图案填充进行很好地组织和对其他内容进行访问。下面介绍AutoCAD设计中心方面的知识。

一、启动设计中心

使用设计中心，用户可以将原图形中的任何内容拖动到当前图形中。启动设计中心有4种方法：

(1) 菜单栏：【工具】|【选项板】|【设计中心】命令。

(2) 功能区：【视图】选项卡中【设计中心】按钮 。

(3) 命令行：输入"ADC"并执行。

(4) 组合键：Ctrl+2组合键。

执行命令后，AutoCAD将打开【设计中心】面板，如图6-23所示。

二、显示图形信息

AutoCAD设计中心窗口包含一组工具按钮和选项卡，使用它们可以选择和观察设计中心中的图形。

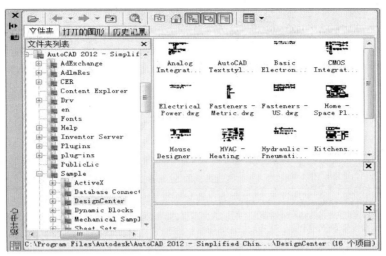

图6-23 【设计中心】面板

(1)【文件夹】选项卡：显示设计中心的资源，可以将设计中心的内容设置为本计算机的桌面，或是本地计算机的资源信息，也可以是网上邻居的信息。

(2)【打开的图形】选项卡：显示在当前AutoCAD环境中打开的所有图形，其中包括最小化的图形。此时单击某个文件图标就可以看到该图形的有关设置，如图层、线型、文字样式、块及尺寸样式等，如图6-24所示。

图6-24 【打开的图形】选项卡

(3)【历史记录】选项卡：显示最近在设计中心打开的文件的列表。显示历史记录后，在一个文件上单击鼠标右键显示此文件信息或从【历史记录】列表中删除此文件。

(4)【树状图切换】按钮 ：单击该按钮，可以显示或隐藏树状视图。

(5)【收藏夹】按钮 ：通过收藏夹来标记存放在本地硬盘、网络驱动器或因特网网页上常用的文件，如图6-25所示。

(6)【加载】按钮 ：单击该按钮，将打开【加载】对话框，在该对话框中按照知道路径选择图形，将其载入到当前图形中。

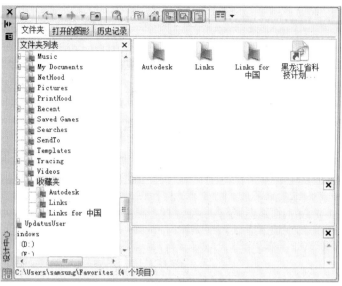

图6-25 AutoCAD设计中心的【收藏夹】

(7) 【预览】按钮：单击该按钮，可以打开或关闭选项卡右下侧窗口。

(8) 【说明】按钮：打开或关闭说明窗格，以确定是否显示说明内容。

(9) 【视图】按钮：用于确定控制板所显示内容的显示格式。单击该按钮将弹出快捷菜单，可从中选择显示内容的显示格式。

(10) 【搜索】按钮：用于快速查找对象。

三、在文档中插入设计中心内容

使用AutoCAD设计中心，可以方便地在当前图形中插入块，与使用插入图块命令不同的是，在设计中心插入的图块，不能进行缩放和旋转操作。

1. **插入块** AutoCAD 2012提供了两种插入块的方法，一种是插入时自动换算插入比例，另一种是插入时确定插入点、插入比例和旋转角度。

(1) 自动换算比例插入块。从设计中心窗口中选择要插入的块，并拖到绘图窗口。将块移动到插入位置时释放鼠标左键，即可实现块的插入。

(2) 插入常规块。在设计中心窗口中选择要插入的块，用鼠标右键将该块拖到绘图窗口后释放右键，此时AutoCAD会弹出快捷菜单，从快捷菜单中选择【插入块】命令，AutoCAD打开【插入】对话框。可在该对话框中确定插入点、插入比例和旋转角度。

2. **引用外部参照** 从【设计中心】对话框选择外部参照，用鼠标右键将其拖到绘图窗口后释放，在弹出快捷菜单中选择【附着外部参照】命令，弹出【外部参照】对话框，在该对话框中使用外部参照的方法，可以确定插入点、插入比例及旋转角度。

3. **在图形中复制图层、线型、文字样式、尺寸样式、布局及块等** 在绘图过程中，一般将具有相同特征的对象放在同一图层上。使用AutoCAD设计中心，可以将图形文件中的图层复制到新的图形文件中。这样一方面节省了时间，另一方面也保持了不同图形文件结构的一致性。

在AutoCAD设计中心窗口中，选择一个或多个图层，然后将它们拖到打开的图形文件后松开鼠标按键，即可将图层从一个图形文件复制到另一个图形文件。

第六节 上 机 实 践

一、创建图块并设置图块属性

绘制如图6-26所示的粗糙度符号，并添加属性。属性的名称为"CCD"，提示为"粗糙度代号"，默认值为6.3，设置图块名称为"粗糙度代号"，基点为代号尖角顶点。

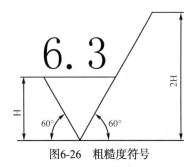

图6-26 粗糙度符号

具体操作步骤如下：

(1) 使用直线命令绘制图形，其中H=1.4h(h为文字高度，取h=5)，绘制该符号，绘图过程略。

(2) 选择菜单【格式】|【文字样式】命令，弹出【文字样式】对话框，单击【新建】按钮，创建"样式1"文字样式，高度设置为5，宽度比例设置为0.7，如图6-27所示。

(3) 选择菜单【绘图】|【块】|【定义属性】命令，弹出【属性定义】对话框，如图6-28所示，可设置对话框的参数。

图6-27 创建"样式1"文字样式

图6-28 设置属性

图6-29　设置属性效果

(4) 设置完成后单击【确定】按钮，命令行提示"指定起点"，拾取横线中点为起点，效果如图6-29所示。

(5) 选择菜单【绘图】|【块】|【创建】命令，弹出【块定义】对话框，选择如图6-29所示的图形为对象，捕捉基点为符号的尖角顶点，图块命名为"粗糙度代号"，如图6-30所示，单击【确定】按钮，弹出如图6-31所示的【编辑属性】对话框，不做设置，单击【确定】按钮完成"粗糙度代号"图块的创建。

图6-30　设置【块定义】对话框

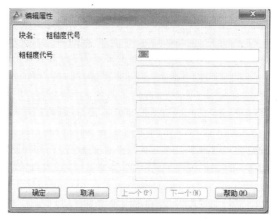

图6-31　【编辑属性】对话框

二、插 入 图 块

将6.6.1节中创建的图块插入到给定的零件图形中。

具体操作步骤如下：

(1) 选择菜单【插入】|【块】命令，打开【插入】对话框。

(2) 在【名称】下拉列表框中选择名称为"粗糙度代号"的图块。

(3) 在【插入点】选项区域中选择【在屏幕上指定】。

(4) 在【缩放比例】选项区域中选择【统一比例】复选框，并在X文本框中输入1；在【旋转角度】选项区域中选择【在屏幕上指定】，然后单击【确定】按钮。

(5) 指定插入点或[基点(B)/比例(S)/旋转(R)]：指定插入点。

指定比例因子<1>：ENTER

指定旋转角度<0>：输入合适的选择角度

输入属性值

粗糙度代号<6.3>：输入合适的属性值

将不同参数值的粗糙度代号插入后的效果如图6-32所示。

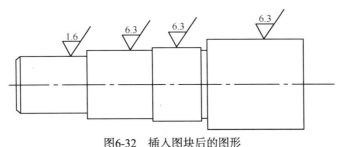

图6-32 插入图块后的图形

第七节 思考与练习题

一、填空题

(1) 在AutoCAD中，创建内部图块，需要在命令行输入_____命令，创建外部图块，需要在命令行输入_____命令。

(2) 在AutoCAD中，块属性的模式有4种，分别为_____、_____、_____和_____。

(3) 编辑外部参照命令_____。

(4) _____是图块的一个组成部分，它是图块的非图形信息，包含于块中的文字对象。块的属性由_____和_____两部分组成。

二、简答题

(1) 简述块、块属性的概念及其特点。

(2) 外部参照与图块的区别。

(3) 在中文版AutoCAD 2012中，使用"设计中心"窗口主要可以完成哪些操作？

三、上机操作题

(1) 将如图6-33所示的标题栏定义为外部块。

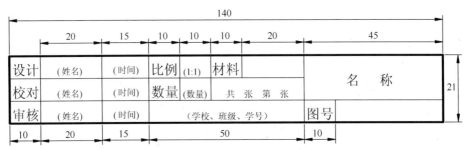

图6-33 标题栏

(2) 绘制如图6-34所示的轴零件图，创建带属性的粗糙度图块，并插入图块。

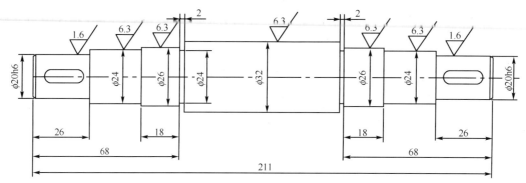

图6-34 "粗糙度"图块的绘制与插入

第7章　文字、尺寸标注和表格

文字对象是AutoCAD图形中很重要的图形元素，是机械制图和工程制图中不可缺少的组成部分。尺寸标注用于确定图形的大小、形状和位置，也是进行图形识读和指导生产的主要技术依据。表格用于表述图形的相关信息。

教学目标

★ 掌握AutoCAD中创建文字的方法。
★ 掌握AutoCAD中的尺寸标注方法。
★ 掌握AutoCAD中表格的绘制。

第一节　创建文字样式

在AutoCAD 2012中，除了系统默认的文字样式外，用户可以根据工作需要创建新的文字样式。文字样式的启动有以下4种方法：

(1) 菜单栏：选择【格式】|【文字样式】命令。

(2) 功能区：【常用】选项卡【注释】面板下【文字样式】按钮 。

(3) 工具栏：【文字】工具栏中【文字样式】按钮 。

(4) 命令行：输入"STYLE"并执行。

执行该命令后，将打开【文字样式】对话框，单击右侧的【新建】按钮，如图7-1所示。在弹出的【新建文字样式】对话框中输入样式名称，如"样式1"，如图7-2所示。

图7-1　【文字样式】对话框

返回到【文字样式】对话框，在【字体名】下拉列表框中选择准备应用的字体；单击【应用】按钮；单击【关闭】按钮即可创建文字样式，如图7-3所示。

图7-2　【新建文字样式】对话框

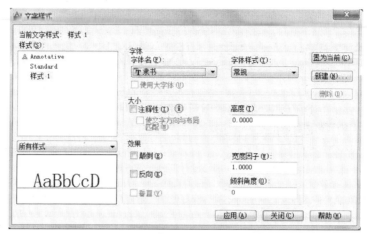

图7-3 返回到【文字样式】对话框

第二节 创建和编辑单行文字

一、创建单行文字

在AutoCAD 2012中创建单行文字后,每一行文字都是独立的对象,用户可以对其进行设置和修改。启动单行文字命令有4种方法:

(1) 菜单栏:选择【绘图】|【文字】|【单行文字】命令。

(2) 功能区:【注释】面板【单行文字】按钮 AI 。

(3) 工具栏:【文字】工具栏中【单行文字】按钮 AI 。

(4) 命令行:输入"DTEXT"并执行。

执行该命令后,在命令行中系统提示"指定文字的起点",在绘图窗口中单击鼠标指定文字的起点,如图7-4所示。在命令行中系统提示"指定高度<2.5000>",输入文字的高度数值,如"10",然后在键盘上按下Enter键确定,如图7-5所示。

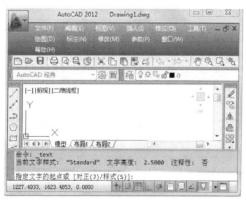

图7-4 指定文字的起点

图7-5 指定高度

在命令行中系统提示"指定文字的旋转角度<0>",输入文字旋转的角度数值,如"30",然后在键盘上按下Enter键确定,如图7-6所示。

绘图窗口中出现一个文本框,在其中输入文本内容,如"AutoCAD 2012",单击绘图窗口的空白位置,然后在键盘上按下Esc键,如图7-7所示。通过以上方法即可在AutoCAD 2012中创建单行文字。

图7-6 指定文字的旋转角度 图7-7 文本框中输入文本内容

二、编辑单行文字

编辑单行文字包括文字的内容、对正方式以及缩放比例，可以选择菜单【修改】|【对象】|【文字】子菜单中的命令进行设置，如图7-8所示。

(1) 编辑：进入文字编辑状态，可以重新输入文本内容。

(2) 比例：需要输入缩放的基点以及指定新高度、匹配对象(M)，缩放比例(S)。

(3) 对正：可以重新设置文字的对正方式。

图7-8 编辑单行文字

第三节 创建和编辑多行文字

多行文字由任意数目的文字行或段落组成，多行文字可以被移动、旋转、删除、复制、镜像、拉伸或比例缩放。下面介绍创建与编辑多行文字的操作方法。

一、创建多行文字

在AutoCAD 2012中，多行文字会将创建的所有文字行或段落作为一个独立对象来进行操作。启动多行文字命令有4种方法：

(1) 菜单栏：选择【绘图】|【文字】|【多行文字】命令。

(2) 功能区：【注释】面板【多行文字】按钮 A 。

(3) 工具栏：【文字】工具栏中【多行文字】按钮 A 。

(4) 命令行：输入"MTEXT"并执行。

执行该命令后，在命令行中系统提示"指定第一角点"，在绘图窗口中指定文字的第一角点，如图7-9所示。

在命令行中系统提示"指定对角点"，在绘图窗口中指定文本框的对角点，如图7-10所示。

图7-9　指定第一角点　　　　　　　　　　　图7-10　指定对角点

在出现的文本框中输入文字，如"AutoCAD 2012中输入多行文字"，在绘图窗口的空白处单击，即可在AutoCAD 2012中插入多行文字，如图7-11所示。

图7-11　文本框中输入文字

二、编辑多行文字

在AutoCAD 2012中，用户可以对多行文字的格式进行设置，如设置多行文字的字体、字号、加粗、斜体、项目符号和编号等，下面介绍具体操作方法。

(1) 在AutoCAD绘图窗口中双击已创建的多行文字，如图7-12所示。

(2) 弹出【文字格式】编辑器，全选需要编辑的文字，如图7-13所示。

(3) 在【文字格式】编辑器中，单击【字体】下拉列表框的下拉按钮，在弹出的下拉列表中选择准备应用的字体，如图7-14所示。

(4) 在【文字格式】编辑器中，单击【粗体】按钮 **B** 把文字加粗；单击【居中】按钮把文字居中，最后在绘图窗口的空白处单击，即可在AutoCAD 2012中设置多行文字，如图7-15所示。

图7-12 双击已创建的多行文字

图7-13 【文字格式】编辑器

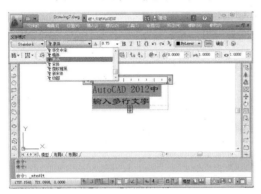

图7-14 选择字体

图7-15 编辑多行文字

第四节 特殊字符的输入

实际绘图时，有时需要标注一些特殊字符。例如，在一段文字的上方或下方加划线，标注"°"(度)、"±"(正/负公差)、"Φ"(直径)符号等。由于这些特殊字符不能从键盘上直接输入，因此，AutoCAD提供了相应的控制符，以实现这些特殊标注要求，如表7-1所示。

表7-1 常用特殊符号

代码输入	特殊字符	说明	代码输入	特殊字符	说明
%%P	±	正负号	%%D	°	度数
\U+00D7	X	乘号	%%C	Φ	直径
%%%	%	百分号	\U+2082	$_2$	下标2
%%O	‾	上划线	\U+00B2	^{2}	上标2
%%U	＿	下划线	\U+2260	≠	不相等

创建多行文字时，在【文字格式】工具栏中单击【选项】按钮 ⊙，打开多行文字的选项菜单，选择如图7-16所示的【符号】命令，选择该命令的子命令如图7-17所示，可以在实际设计绘图中插入一些特殊的字符。如果选择【其他】命令，将打开【字符映射表】对话框，可以插入其他特殊字符，如图7-18所示。

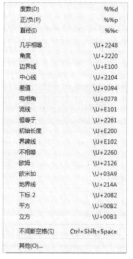

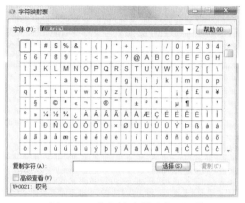

图7-16　【符号】命令　图7-17　【符号】命令子命令　　图7-18　【字符映射表】对话框

第五节　尺　寸　标　注

一、设置尺寸标注样式

在AutoCAD 2012中，在对图形进行标注之前，用户可以根据工作需要设置新的尺寸标注样式，自定义与保存一种合适的标注样式，这样可以提高工作效率。下面介绍设置尺寸标注样式的操作方法。启动标注样式命令有4种方法：

(1) 菜单栏：选择【格式】|【标注样式】命令。

(2) 功能区：【注释】面板【标注】右下角按钮 。

(3) 工具栏：【标注】工具栏中【标注样式】按钮 。

(4) 命令行：输入"DIMSTYLE"并执行。

执行该命令后，弹出【标注样式管理器】对话框，单击【新建】按钮，如图7-19所示。

弹出【创建新标注样式】对话框，在【新样式名】文本框中输入标注样式的名称，如"标注样式01"；单击【继续】按钮，如图7-20所示。

弹出【新建标注样式：标注样式01】对话框，切换到【线】选项卡；单击【颜色】下拉列表框的下拉按钮 ▾，从中选择尺寸线的颜色；在【线宽】下拉列表框中选择尺寸线的线宽，如图7-21所示。

在【新建标注样式：标注样式01】对话框中，切换到【文字】选项卡；在【文字颜色】下拉列表框中选择文字颜色；在【文字高度】文本框中输入文字的高度；单击【确定】按钮，如图7-22所示。

返回到【标注样式管理器】对话框，单击【关闭】按钮即可新建新的标注样式，如图7-23所示。

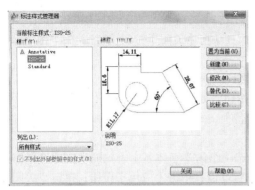

图7-19 【标注样式管理器】对话框

图7-20 【创建新标注样式】对话框

图7-21 【新建标注样式：标注样式01】
对话框【线】选项卡

图7-22 【新建标注样式：标注样式01】
对话框【文字】选项卡

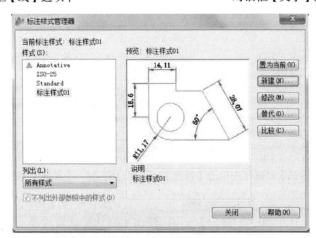

图7-23 关闭【标注样式管理器】对话框

二、创建标注

1. 创建尺寸标注的步骤 在了解了尺寸标注的相关概念及标注样式的创建和设置方法后，用户可在AutoCAD 2012中创建尺寸标注，具体操作步骤如下：

(1) 选择菜单【格式】|【图层】命令。

(2) 弹出【图层特性管理器】面板，单击【新建图层】按钮 ；在新建图层中单击【名称】选项，输入准备创建的图层名称，如"尺寸标注01"；单击【关闭】按钮 ✕ ，关闭【图层特性管理器】面板，如图7-24所示。

(3) 选择菜单【格式】|【文字样式】命令，如图7-25所示。

(4) 弹出【文字样式】对话框，单击【新建】按钮，如图7-26所示。

(5) 弹出【新建文字样式】对话框，在【样式名】文本框中输入文字样式的名称，如"样式1"；单击【确定】按钮，如图7-27所示。

(6) 返回到【文字样式】对话框，在【字体】选项组的【字体名】下拉列表框中选择需要设置的字体；在【宽度因子】文本框中输入文字的宽度值；单击【应用】按钮；单击【关闭】按钮，如图7-28所示。

图7-24 【图层特性管理器】面板

图7-25 【文字样式】命令

图7-26 【文字样式】对话框中单击【新建】

图7-27 【新建文字样式】对话框

图7-28 设置【文字样式】对话框

(7) 选择菜单【格式】|【标注样式】命令，弹出【标注样式管理器】对话框，如7.5.1节内容设置尺寸标注样式。最后，单击【关闭】按钮即可创建尺寸标注。

2. 线性标注 线性标注可以水平、垂直或对齐放置，在使用线性标注的过程中，尺寸线平行于两尺寸界线原点之间的直线。启动线性标注命令有4种方法：

(1) 菜单栏：选择【标注】|【线性】命令。

(2) 功能区：【注释】选项卡【标注】面板中【线性】按钮 。

(3) 工具栏：【标注】工具栏中【线性】按钮 。

(4) 命令行：输入"DIMLINEAR"并执行。

执行该命令后，在命令行中系统提示"指定第一个尺寸界线原点或<选择对象>"，在绘图窗口中指定线性标注的第一个尺寸界线原点，如图7-29(a)所示。

在命令行中系统提示"指定第二条尺寸界线原点"，在绘图窗口中指定线性标注的第二条尺寸界线原点，如图7-29(b)所示。

在命令行中系统提示"指定尺寸线位置"，在绘图窗口中指定线性标注尺寸线的固定位置，如图7-29(c)所示。

通过以上操作即可对图形对象进行线性标注，如图7-29(d)所示。

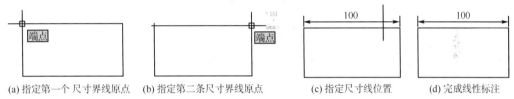

(a) 指定第一个尺寸界线原点　　(b) 指定第二条尺寸界线原点　　(c) 指定尺寸线位置　　(d) 完成线性标注

图7-29　线性标注

3. 对齐标注　对齐标注是指创建与图形指定位置或对象平行的标注。对齐标注可以用来标注斜线段。启动对齐标注命令有4种方法：

(1) 菜单栏：选择【标注】|【对齐】命令。

(2) 功能区：【注释】选项卡【标注】面板中【对齐】按钮 。

(3) 工具栏：【标注】工具栏中【对齐】按钮 。

(4) 命令行：输入"DIMALIGNED"并执行。

执行该命令后，在命令行中系统提示"指定第一个尺寸界线原点"，在绘图窗口中指定线性标注的第一个尺寸界线原点，如图7-30(a)所示。

在命令行中系统提示"指定第二条尺寸界线原点"，在绘图窗口中指定线性标注的第二条尺寸界线原点，如图7-30(b)所示。

在命令行中系统提示"指定尺寸线位置"，在绘图窗口中指定线性标注的尺寸线的固定位置，如图7-30(c)所示。

通过以上方法即可对图形对象进行对齐标注，如图7-30(d)所示。

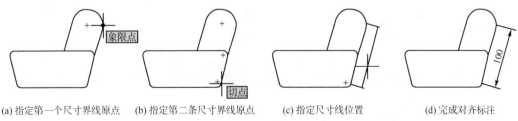

(a) 指定第一个尺寸界线原点　　(b) 指定第二条尺寸界线原点　　(c) 指定尺寸线位置　　(d) 完成对齐标注

图7-30　对齐标注

4. 半径标注　半径标注是指使用可选的中心线或中心标记测量圆弧或圆的半径。启动半径标注命令有4种方法：

(1) 菜单栏：选择【标注】|【半径】命令。

(2) 功能区：【注释】选项卡【标注】面板中【半径】按钮 。

(3) 工具栏.【标注】工具栏中【半径】按钮。

(4) 命令行：输入"DIMRADIUS"并执行。

执行该命令后，在命令行中系统提示"选择圆弧或圆"，在绘图窗口中指定需要半径标注的圆，如图7-31(a)所示。

在命令行中系统提示"指定尺寸线位置"，在绘图窗口中指定半径标注尺寸线的固定位置，如图7-31(b)所示。

通过以上方法即可对图形对象进行半径标注，如图7-31(c)所示。

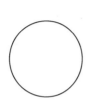 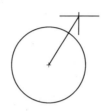 

(a) 选择圆弧或圆   (b) 指定尺寸线位置   (c) 完成半径标注

图7-31　半径标注

5. 直径标注 直径标注是指使用可选的中心线或中心标记测量圆弧或圆的直径。启动直径标注命令有4种方法：

(1) 菜单栏：选择【标注】|【直径】命令。

(2) 功能区.【注释】选项卡【标注】面板中【直径】按钮。

(3) 工具栏：【标注】工具栏中【直径】按钮。

(4) 命令行：输入"DIMDIAMETER"并执行。

执行该命令后，在命令行中系统提示"圆弧或圆"，在绘图窗口中指定需要直径标注的圆，如图7-32(a)所示。

在命令行中系统提示"指定尺寸线位置"，在绘图窗口中指定直径标注的尺寸线的固定位置，如图7-32(b)所示。

通过以上方法即可对图形对象进行直径标注，如图7-32(c)所示。

  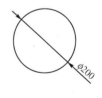

(a) 指定需要直径标注的圆   (b) 指定尺寸线位置   (c) 完成直径标注

图7-32　直径标注

6. 弧长标注 弧长标注一般用于测量圆弧或多段圆弧线段上的距离。启动弧长标注命令有4种方法：

(1) 菜单栏：选择【标注】|【弧长】命令。

(2) 功能区：【注释】选项卡【标注】面板中【弧长】按钮。

(3) 工具栏：【标注】工具栏中【弧长】按钮。

(4) 命令行：输入"DIMARC"并执行。

执行该命令后，在命令行中系统提示"选择弧线段或多段线圆弧段"，在绘图窗口中指定需要弧长标注的圆弧，如图7-33(a)所示。

在命令行中系统提示"指定弧长标注位置"，在绘图窗口中指定弧长标注尺寸线的固定位置，如图7-33(b)所示。

通过以上方法即可对图形对象进行弧长标注，如图7-33(c)所示。

(a) 选择弧线段或多段线圆弧段　　　　　　(b) 指定弧长标注位置　　　　　　(c) 完成弧长标注

图7-33　弧长标注

7. 坐标标注　坐标标注是指用来测量原点到图形中的特征区域的垂直距离，坐标标注保持特征点与基准点的精确偏移量，这样可以避免增大误差。下面介绍在AutoCAD 2012中使用坐标标注的操作方法。

(1) 在状态栏中单击【正交模式】按钮，将正交模式打开；选择菜单【标注】|【坐标】命令。

(2) 在命令行中系统提示"指定点坐标"，在绘图窗口中指定需要坐标标注的第一个坐标点，如图7-34(a)所示。

(3) 在命令行中系统提示"指定引线端点"，在绘图窗口中指定坐标标注的引线端点，如图7-34(b)所示。

(4) 通过以上方法即可在AutoCAD 2012中对图形对象进行坐标标注，如图7-34(c)所示。

(a) 指定点坐标　　　　　　　　(b) 指定引线端点　　　　　　　　(c) 完成坐标标注

图7-34　坐标标注

8. 角度标注　在AutoCAD 2012中，角度标注可测量两条直线或三个点之间的角度。在创建角度标注时，用户可以在指定尺寸线位置之前修改文字内容和对齐方式。启动角度标注命令有4种方法：

(1) 菜单栏：选择【标注】|【角度】命令。

(2) 功能区：【注释】选项卡【标注】面板中【角度】按钮。

(3) 工具栏：【标注】工具栏中【角度】按钮。

(4) 命令行：输入"DIMANGULAR"并执行。

执行该命令后，在命令行中系统提示"选择圆弧、圆或直线或<指定顶点>"，在绘图窗口中指定角度标注的第一条直线，如图7-35(a)所示。

在命令行中系统提示"选择第二条直线"，在绘图窗口中指定角度标注的第二条直线，如图7-35(b)所示。

在命令行中系统提示"指定标注弧线位置"，在绘图窗口中指定标注弧线所在的位置，如图7-35(c)所示。

通过以上方法即可在AutoCAD 2012中对图形对象进行角度标注，如图7-35(d)所示。

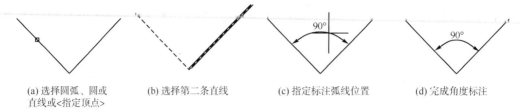

(a) 选择圆弧、圆或　　(b) 选择第二条直线　　(c) 指定标注弧线位置　　(d) 完成角度标注
直线或<指定顶点>

图7-35　角度标注

9. 基线标注　当需要创建的标注与已有标注的一条尺寸界线相同时，用户可以使用"基线标注"命令。启动基线标注命令有4种方法：

(1) 菜单栏：选择【标注】|【基线】命令。

(2) 功能区：【注释】选项卡【标注】面板中【基线标注】按钮 。

(3) 工具栏：【标注】工具栏中【基线标注】按钮 。

(4) 命令行：输入"DIMBASELINE"并执行。

执行该命令后，在命令行中系统提示"选择基准标注"，在绘图窗口中指定需要基准标注的线性标注，如图7-36(a)所示。

在命令行中系统提示"指定第二条尺寸界线原点"，在绘图窗口中指定第二条尺寸界线原点，然后在键盘上按下Enter键，如图7-36(b)所示。

通过以上操作即可在AutoCAD 2012中对图形对象进行基线标注，如图7-36(c)所示。

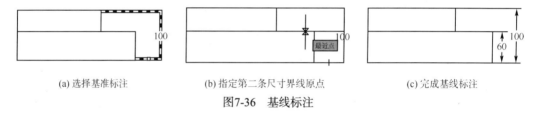

(a) 选择基准标注　　　　　(b) 指定第二条尺寸界线原点　　　(c) 完成基线标注

图7-36　基线标注

10. 连续标注　在AutoCAD 2012中，连续标注用于标注同一方向上的连续线性尺寸或角度尺寸。启动连续标注命令有4种方法：

(1) 菜单栏：选择【标注】|【连续】命令。

(2) 功能区：【注释】选项卡【标注】面板中【连续标注】按钮 。

(3) 工具栏：【标注】工具栏中【连续标注】按钮 。

(4) 命令行：输入"DIMCONTINUE"并执行。

执行该命令后，在命令行中系统提示"选择连续标注"，在绘图窗口中指定需要连续标注的标注，如图7-37(a)所示。

在命令行中系统提示"指定第二条尺寸界线原点"，在绘图窗口中指定第二条尺寸界线原点，然后在键盘上按下Enter键，如图7-37(b)所示。

通过以上操作即可在AutoCAD 2012中对图形对象进行基线标注，如图7-37(c)所示。

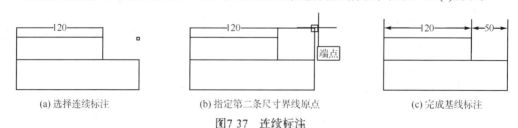

(a) 选择连续标注　　　　　(b) 指定第二条尺寸界线原点　　　(c) 完成基线标注

图7 37　连续标注

11. 创建公差标注　在AutoCAD 2012中，公差标注用于创建形位公差的框格和内容，如图7-38所示，它通常由形位公差符号、公差值、材料状态符号和基准代号等组成。如表7-2所示列出了形位公差各符号的含义。

启动公差标注命令有如下4种方法：

(1)菜单栏：选择【标注】|【公差】命令。

(2)工具栏：单击【标注】工具栏中的【形位公差】按钮 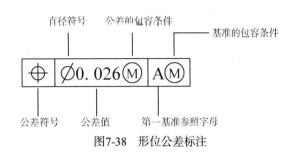 。

图7-38　形位公差标注

表7-2　形位公差符号

符号	名称	符号	名称
⊕	位置度	—	直线度
◎	同轴度	⌒	面轮廓度
≡	对称度	⌒	线轮廓度
//	平行度	↗	圆跳动
⊥	垂直度	↗↗	全跳动
∠	倾斜度	∅	直径
⌿	圆柱度	Ⓜ	最大包容条件(MMC)
▱	平面度	Ⓛ	最小包容条件(LMC)
○	圆度	Ⓢ	不考虑特征尺寸(RFS)

(3) 命令行：输入"TOLERANCE"并执行。

(4) 功能区：【注释】选项卡【标注】面板中【公差】按钮 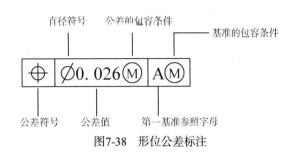 。

执行公差标注命令后，系统弹出【形位公差】对话框，如图7-39所示。利用该对话框可以设置公差标注。

创建如图7-40所示的形位公差，其操作步骤如下：

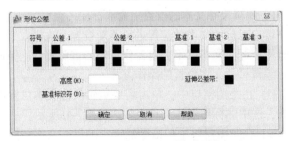

图7-39　【形位公差】对话框

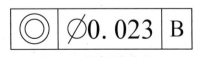

图7-40　创建形位公差

(1) 在【形位公差】对话框中单击【符号】选项区下的黑色框■，系统弹出【特征符号】对话框，如图7-41所示，在该对话框单击"同轴度"符号◎。

(2) 单击【形位公差】对话框中的"公差1"选项区右边的黑色框■，然后在右边的文本框中输入0.023。

(3)在【形位公差】对话框中的"基准1"的文本框中输入B,其设置结果如图7-42所示。

(4)最后，单击【形位公差】对话框中的【确定】按钮，即可创建出形位公差。

图7-41 【特征符号】对话框

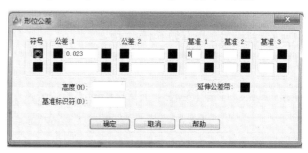

图7-42 设置形位公差

三、编 辑 标 注

1. 编辑尺寸标注 编辑标注是用来编辑标注文字的位置和标注样式，同时可以创建新标注。下面介绍编辑尺寸标注的操作方法。

(1) 在命令行中输入命令dimedit，然后在键盘上按下Enter键。

(2) 在命令行中系统提示"输入标注编辑类型[默认(H)/新建(N)/旋转(R)/倾斜(O)]<默认>"，输入标注编辑类型的命令，如"O"，然后在键盘上按下Enter。

(3) 在命令行中系统提示"选择对象"，在绘图窗口中指定需要编辑的图形标注，然后在键盘上按下Enter键，如图7-43所示。

(4) 在命令行中系统提示"输入倾斜角度(按Enter键表示无)"，输入编辑标注的倾斜角度值，如"30"，然后在键盘上按下Enter键。

(5) 通过以上步骤即可对已经创建的标注进行编辑操作，如图7-44所示。

图7-43 选择对象

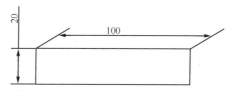

图7-44 完成已经创建标注的编辑操作

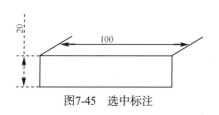

图7-45 选中标注

2. 编辑尺寸文本的位置 完成标注的编辑操作后，用户可以对标注文本的位置进行重新设置，这样在绘图的过程中标注文本就不会遮盖住图形的重要部分。下面介绍编辑尺寸文本位置的操作方法。

(1) 在绘图窗口中，单击需要编辑尺寸文本位置的标注，选中的标注进入夹点模式，如图7-45所示。

(2) 在绘图窗口中单击已经选中的尺寸文本，然后拖动鼠标将其移动到目标位置上，如图7-46所示。

(3) 通过以上操作即可对尺寸文本的位置进行编辑，如图7-47所示。

图7-46　拖动选中的标注

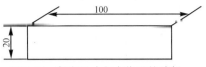

图7-47　完成尺寸文本位置的编辑

第六节　表　格

一、创建表格样式

用户可以对表格的样式进行设置。启动新建表格样式命令有3种方法：

(1) 菜单栏：选择【格式】|【表格样式】命令。

(2) 功能区：【注释】选项卡【表格】面板右下角按钮。

(3) 命令行：输入"TABLESTYLE"并执行。

执行该命令后打开【表格样式】对话框，在【样式】列表框中显示当前的表格样式；单击【新建】按钮，如图7-48所示。

弹出【创建新的表格样式】对话框，在【新样式名】文本框中输入要设置的表格样式名称，如"表格样式01"；单击【继续】按钮，如图7-49所示。

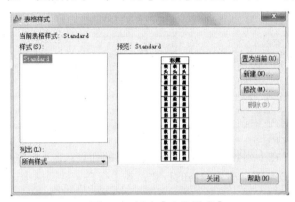

图7-48　新建【表格样式】

图7-49　【创建新的表格样式】对话框

弹出【新建表格样式：表格样式01】对话框，切换到【边框】选项卡；在【特性】选项组中单击【线宽】下拉按钮，在其中选择线宽样式；单击【颜色】下拉按钮，在其中选择颜色样式；在【间距】选项下单击【所有边框】按钮；在【起始表格】区域中单击【选择起始表格】按钮，如图7-50所示。

在命令行中系统提示"选择表格"，在绘图窗口中选择要设置表格样式的表格。

返回到【新建表格样式：表格样式01】对话框，单击【确定】按钮，如图7-51所示。

返回到【表格样式】对话框，在【样式】列表框中显示刚创建的表格样式；单击【关闭】按钮，如图7-52所示。

通过以上操作即可在AutoCAD 2012中创建表格样式，如图7-53所示。

二、创　建　表　格

用户可以使用【表格】命令创建表格，也可以从外部调入表格，如从Microsoft Excel中调入表格，并将其粘贴到AutoCAD图形中。启动新建表格命令有3种方法：

图7-50 【新建表格样式：表格样式01】对话框 　　图7-51 【新建表格样式：表格样式01】对话框

图7-52 【表格样式】对话框

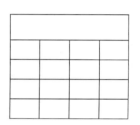

图7-53 完成创建表格样式

(1) 菜单栏：选择【绘图】|【表格】命令。
(2) 功能区：【注释】功能区选择【表格】按钮 。
(3) 命令行：在命令行输入"TABLE"并执行。

执行该命令后打开【插入表格】对话框，在【列数】微调框中输入表格的列数；在【列宽】微调框中输入表格的列宽；在【数据行数】微调框中输入表格的行数；在【行高】微调框中，输入表格的行高；单击【确定】按钮，如图7-54所示。

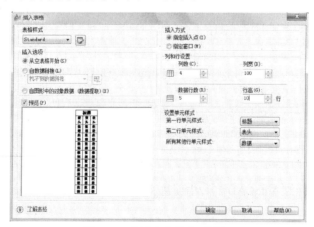

图7-54 【插入表格】对话框

在命令行中系统提示"指定插入点"，在绘图窗口中指定表格要插入的位置点，如图7-55所示。

通过以上操作即可在AutoCAD 2012中创建新的AutoCAD表格，如图7-56所示。

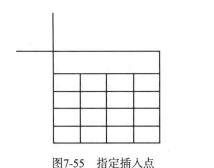

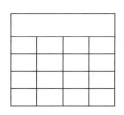

图7-55　指定插入点　　　　　　　　　　　图7-56　完成创建表格

三、填写表格

在AutoCAD 2012绘图窗口创建表格后，用户就可以在表格中添加文本、数值和符号等内容。下面介绍在表格中添加内容的操作方法。

(1) 在AutoCAD绘图窗口中，在创建的表格中双击准备输入文本的单元格。

(2) 在该单元格放大的区域内输入文字，然后在绘图窗口的空白处单击，如图7-57所示。

(3) 通过以上操作即可向表格中添加文本内容，如图7-58所示。

图7-57　在单元格内输入文字　　　　　　图7-58　完成向表格中添加文本内容

四、修改表格

创建完表格后，用户可以对已经创建的表格进行修改，包括对表格进行添加与删除行与列和调整行高与列宽的操作。下面介绍修改表格的操作方法。

1. 添加和删除表格的行　在AutoCAD 2012中，用户可以根据工作需要对表格的行进行添加或删除，具体操作方法如下。

(1) 在绘图窗口中，选中目标单元格右键单击，在弹出的快捷菜单中选择【行】|【在下方插入】命令。

(2) 通过以上方法即可在表格中添加一个行的单元格，如图7-59所示。

(3) 在绘图窗口中，选中目标单元格右键单击，在弹出的快捷菜单中选择【行】|【删除】命令。

(4) 通过以上方法即可在表格中删除一个行的单元格，如图7-60所示。

2. 添加和删除表格的列　在AutoCAD 2012中，用户可以根据工作需要对表格的列进行添加或删除，具体操作方法如下。

(1) 在绘图窗口中，选中目标单元格右键单击，在弹出的快捷菜单中选择【列】|【在左侧插入】命令。

(2) 通过以上方法即可在表格中添加一个列的单元格，如图7-61所示。

(3) 在绘图窗口中，选中目标单元格右键单击，在弹出的快捷菜单中选择【列】|【删除】命令。

(4) 通过以上方法即可在表格中删除一个列的单元格，如图7-62所示。

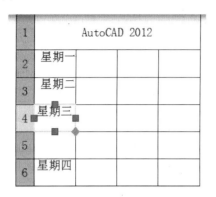

图7-59 添加行单元格

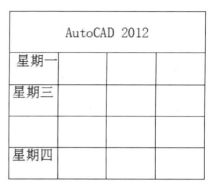

图7-60   删除行单元格

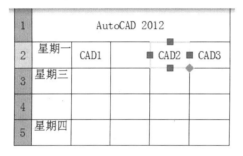

图7-61   添加列单元格

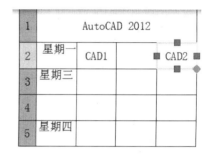

图7-62   删除列单元格

3. 调整行高与列宽 在AutoCAD 2012中，用户可以对已经创建的行高和列宽进行设置。下面介绍调整行高与列宽的操作方法。

(1) 在绘图窗口中选中要调整行高的单元格，当单元格四周出现夹点后，单击鼠标并拖动单元格上部的夹点至目标位置，释放鼠标左键，在键盘上按下Esc键，如图7-63所示。

(2) 通过以上操作即可在AutoCAD 2012中调整表格的行高，如图7-64所示。

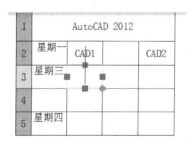

图7-63   拖动单元格夹点至目标位置

图7-64   调整行高

(3) 在绘图窗口中选中准备调整列宽的单元格，当单元格四周出现夹点后，单击鼠标并拖动单元格左侧的夹点至目标位置，释放鼠标左键，在键盘上按下Esc键，如图7-65所示。

(4) 通过以上操作即可在AutoCAD 2012中调整表格的列宽，如图7-66所示。

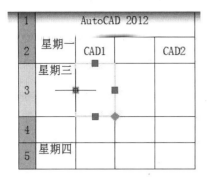

图7-65 拖动单元格夹点至目标位置

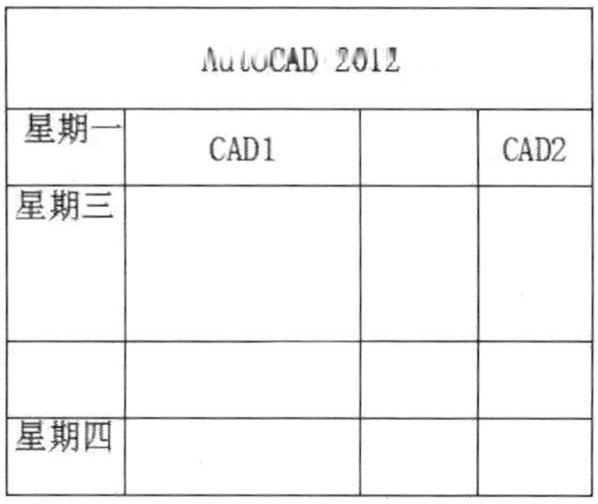

图7-66 调整列宽

第七节 上 机 实 践

一、绘制标题栏

用文字命令方式完成标题栏的绘制，如图7-67所示。

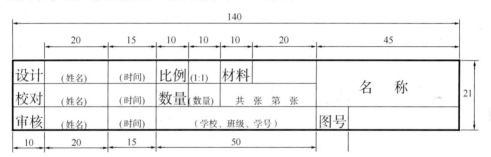

图7-67 标题栏

具体操作步骤如下：

(1) 按尺寸利用直线命令绘制标题栏。外框粗实线，内框细实线(绘图过程略)。

(2) 选择【格式】|【文字样式】命令，打开【文字样式】对话框，如图7-68所示。

图7-68 新建【文字样式】

单击【新建】按钮，创建文字样式如下：

创建新的文字样式名称为"2号字"，设定字体名为"新宋体"，高度2，文字倾斜角度为0°，宽度因子1。用于"时间"等内容的填写。

创建新的文字样式名称为"3号字"，设定字体名为"新宋体"，高度3，文字倾斜角度为0°，宽度因子1。用于"名称"等内容的填写。

(3) 使用单行文字或多行文字命令填写文字。

命令行输入DTEXT命令，或MTEXT命令，选择文字所放置的位置，在对正方式中选择"正中"，选择所需样式后输入文字内容即可。按此方法完成整个表格的填写。

二、尺寸标注

标注如图7-69所示轴的图形尺寸。

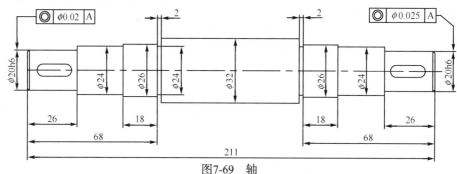

图7-69 轴

具体操作步骤如下：

1. 标注准备

(1) 综合应用【图层界线】、【图层】、【绘图】和【编辑】等命令，绘制如图7-69所示的轴。

(2) 选择菜单【标注】|【标注样式】命令，打开【标注样式管理器】对话框。

(3) 单击【标注样式管理器】对话框中的【新建】按钮，然后命名为【轴标注】。

(4) 单击【继续】按钮，打开【新建标注样式：轴标注】对话框，设置相关尺寸参数。

(5) 展开【文字】选项卡，单击【文字样式】列表右侧的按钮，在弹出的对话框中设置一种文字样式。

(6) 返回【新建标注样式：轴标注】对话框，将刚设置的文字样式设置为当前，并设置尺寸文字的颜色、偏移量等参数。

(7) 打开【主单位】选项卡，设置单位格式、精度等参数。

(8) 单击【确定】按钮，返回【标注样式管理器】对话框，将上述设置的【轴标注】尺寸样式设置为当前样式。

(9) 在【图层特性管理器】对话框中，将【细实线】设置为当前图层。

2. 标注尺寸

(1) 在【注释】面板中单击【线性】按钮，配合【对象捕捉】功能，标注如图7-70所示的尺寸"26"。

图7-70 线性标注1

(2) 选择【标注】|【基线】命令，继续标注零件图尺寸"68"和"211"，如图7-71所示。

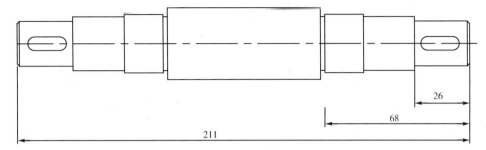

图7-71 基线标注1

(3) 接下来重复使用【基线】命令，继续标注零件图尺寸"26"和"68"，如图7-72所示。

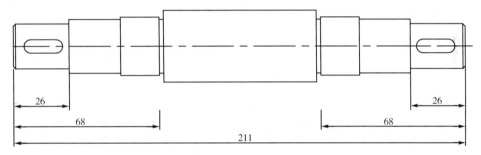

图7-72 基线标注2

(4) 继续使用【基线】命令，标注零件图尺寸"18"和"18"，如图7-73所示。

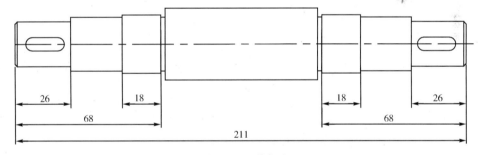

图7-73 基线标注3

(5) 在【注释】面板中单击【线性】按钮标注尺寸"2"和"2"，如图7-74所示。

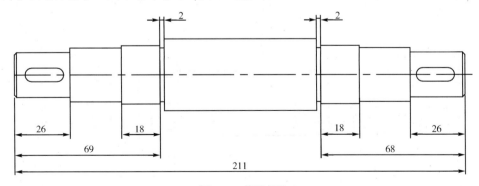

图7-74 线性标注4

(6) 单击【标注】工具条上的◎按钮，进行直径尺寸标注，结果如图7-75所示。

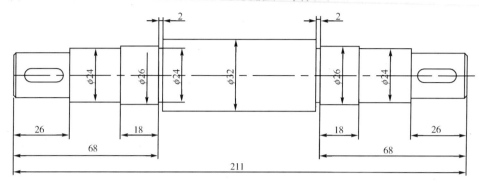

图7-75　直径标注

(7) 选择【标注】功能区【线性】按钮⊢，结合【对象捕捉】功能，使用命令中的【文字】选项功能，标注轴的公差尺寸，如图7-76所示。

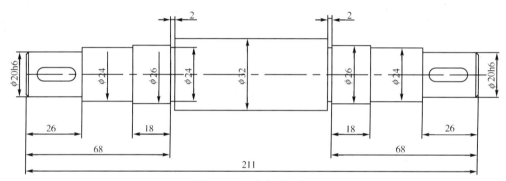

图7-76　尺寸公差标注

(8) 再次选择【标注】|【标注样式】命令，打开【标注样式管理器】对话框。在【轴标注】样式的基础上新建【公差】样式，在打开的【新建样式管理器：公差】中选择【主单位差】选项卡，在【前缀】选项框填写%%c，在【公差】选项卡中填写相应内容，单击【确定】完成设置。

(9) 单击【标注】工具条上的▣按钮，激活【形位公差】命令，将弹出【形位公差】对话框；单击【形位公差】对话框中【符号】"黑色块"，从打开的【特征符号】对话框中单击◎形位公差符号；返回【形位公差】对话框，在【公差 1】选项组中单击"黑色块"，添加直径符号，然后设置其他参数。

(10)在合适位置放置形位公差框格，绘制形位公差指引线和基准符号，并对图形进行修改和调整，最终效果见图7-77。

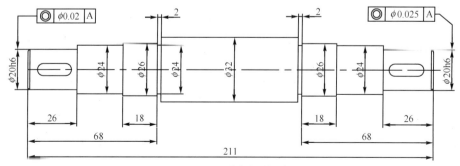

图7-77　最终标注结果

第八节　思考与练习题

一、填空题

(1) 在AutoCAD 2012中，可以使用_____对话框创建文字样式。

(2) 输入单行文字的命令是_____，输入多行文字的命令是_____。

(3) 形位公差使用_____命令进行标注。

(4) 线性标注提供了三种标注类型：_____、_____、_____。

(5) AutoCAD提供了_____和_____两种最常见的编辑尺寸标注的命令。

二、简答题

(1) AutoCAD 2012中，尺寸标注类型有哪些？

(2) AutoCAD 2012中，如何创建多行文字？

(3) AutoCAD 2012中，如何创建表格？

(4) 如何修改标注文字内容及调整标注数字的位置？

三、上机操作题

(1) 创建文字样式Text，要求其字体为黑体，倾角为20°，宽度为1.5 。

(2) 利用多行文字命令标注以下文字。

技术要求

　　1) 调质处理230～280HBS

　　2) 锐边倒角2X45°

　　其中字体采用宋体；字高为5。

(3) 利用尺寸标注命令标注如图7-78所示的图形。

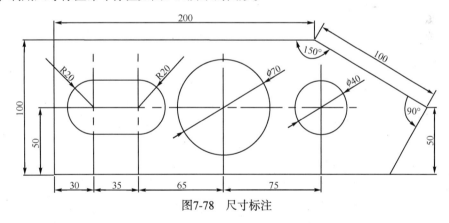

图7-78　尺寸标注

(4) 利用所学的命令绘制如图7-79所示零件图，并进行尺寸标注。

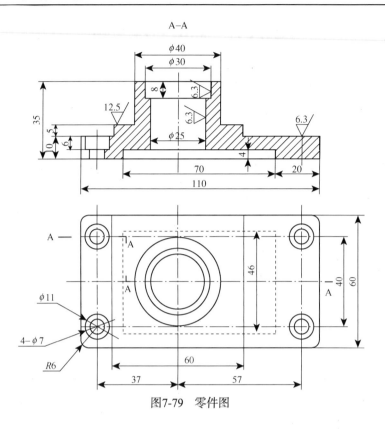

图7-79 零件图

第8章 绘制三维图形

AutoCAD是可以进行三维绘图的，用户除了可以直接使用系统提供的命令绘制长方体，圆柱体和圆锥体等实体外，还可以通过拉伸和旋转二维图形创建三维图形；用户还可以对实体进行并集、交集和差集等布尔运算；以及使用拉伸、旋转、扫掠、放样等特征工具创建更为复杂的三维图形。

教学目标

★ 掌握AutoCAD三维绘图基础。
★ 掌握AutoCAD绘制三维实体的方法。
★ 掌握AutoCAD创建复杂实体的操作方法。

第一节 三维绘图基础

在AutoCAD 2012中，为了方便创建三维模型，允许用户根据需要设定所需的坐标系，即设置用户坐标系(UCS)。用户坐标系(UCS)是指处于活动状态的坐标系，用于建立图形和建模的工作平面(XY面)和Z轴的方向。在这个坐标系，用户可以设置坐标系的原点及X、Y和Z轴。

一、设置用户坐标系

在AutoCAD 2012中，设置用户坐标系的方法有以下3种：
(1) 命令行：输入"UCSMAN(UC)"并执行。
(2) 菜单栏：选择【工具】|【命名UCS】命令。
(3) 工具栏：单击【UCS II】工具栏中【命名UCS】按钮 。
上述操作执行后，打开如图8-1所示的对话框，在该对话框中包含如下功能选项卡：命名UCS、正交UCS、显示方式设置以及应用范围设置。

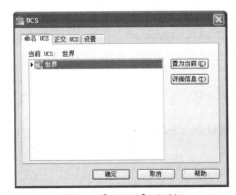

图8-1 【UCS】对话框

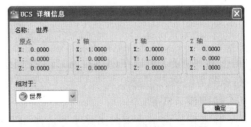

图8-2 【UCS详细信息】对话框

(1) 【命名UCS】功能：在该功能区下，通过点击【置为当前】按钮，可将坐标系置为当前工作坐标系；点击【详细信息】按钮，打开如图8-2所示对话框，可将用户所选坐标系的原点以及X、Y和Z轴的方向详细的说明。

(2)【正交UCS】功能·在该功能下，可将用户坐标系(UCS)设置为正交模式，如图8-3所示。

(3)【设置】功能：用户可以设置用户坐标系(UCS)图标的显示形式、应用范围等，如图8-4所示。

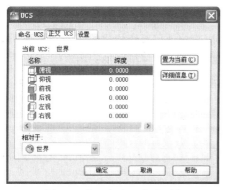

图8-3　【正交UCS】选项卡

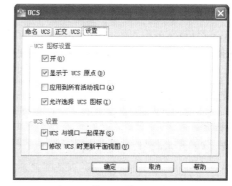

图8-4　【设置】选项卡

二、创建坐标系

在AutoCAD 2012中，创建用户坐标系(UCS)的方法有3种。

(1) 命令行：输入"UCS"并执行。

(2) 功能区：选项卡【坐标】面板工具按钮，如图8-5所示。

(3) 工具栏：单击【UCS】中对应的工具按钮。

下面以【UCS】工具栏为例，介绍创建用户坐标系的操作方法。

(1) 单击【常用】选项卡，在【坐标】面板中单击原点按钮，如图8-6所示。

(2) 在命令行出现如下提示内容"指定新原点<0,0,0>"在绘图窗口中指定新的坐标原点，即可完成新的用户坐标系的创建。

图8-5　坐标面板

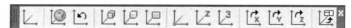

图8-6　UCS工具栏

三、动态UCS

动态UCS功能，可以在创建对象时使UCS的XY面自动与实体模型上的平面对齐。执行动态UCS命令的方法有以下2种。

(1) 快捷键：F6键。

(2) 状态栏：单击状态栏中的【允许/禁止UCS】按钮。

第二节　观察三维图形

在AutoCAD 2012中，为了便于观察三维模型，需要不断调整图形的显示方式和位置，下面介绍观察三维图形视图观察方面的知识。

一、视 点 预 设

视点即观察图形的方向。在AutoCAD 2012中，用户可以使用视点预设、视点命令等方法来设置视点。

(1) 使用【视点预设】设置视点：选择【视图】|【三维视图】|【视点预设】命令，或在命令行中输入"DDVPOINT"命令，将打开【视点预设】对话框，如图8-7所示，即可完成视点设置。

(2) 使用控制盘观察三维图形：在【三维建模】工作区中，使用视口标签和三维导航器(View Cube)工具，可迅速切换到正交模式或轴测图模式以及其他视图方向，根据需要调整模型视点。在三维导航器对话框中可进行立方体的显示、位置、尺寸、行为和透明度的设置等，如图8-8所示。

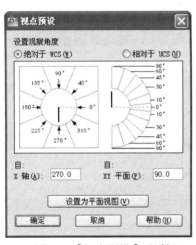

图8-7 【视点预设】对话框

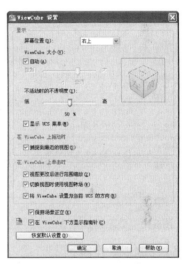

图8-8 【View Cube设置】对话框

二、三维动态观察

执行动态观察操作的方式有以下3种。

(1) 菜单栏：选择【视图】|【三维动态观察器】命令中的子命令。

(2) 命令行：输入"3Dorbit"并执行。

(3) 功能区：在【视图】选项卡单击【导航】面板中动态观察按钮，如图8-9所示。

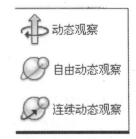

图8-9 【动态观察】按钮

1. 【动态观察】按钮 ⊕ 通过光标指针来动态观察模型，观察时，视图的目标位置保持不动，观察点围绕该目标移动。在默认情况下，观察点沿着世界坐标系(WCS)的XY面或Z轴移动。

2. 【自由动态观察】按钮 利用该按钮可以实现对图形的任意角度的动态观察，执行该命令，将使图形绕着转盘中心并垂直于屏幕的轴旋转。

3. 【连续动态观察】按钮 利用该按钮可用于连续动态的观察图形。单击该按钮后，单击鼠标左键并沿任意方向移动光标时，可以使图形沿着拖动的方向开始移动，松开鼠标按钮，图形将在指定的方向沿着轨道连续旋转。图形旋转的速度取决于鼠标移动的速度，单击或再次拖动鼠标可以改变图形旋转的方向。

三、控　制　盘

在【视图】功能区【视图】面板中启动【全导航】按钮◎，如图8-10所示，将打开【全导航控制盘】。此外还可以选择【查看对象控制盘】和【巡视建筑控制盘】。

图8-10　全导航面板

图8-11　全导航控制盘

图8-12　查看对象控制盘

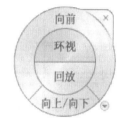

图8-13　巡视建筑控制盘

各按钮的功能作如下说明：

(1) 全导航控制盘，如图8-11所示。

1) 缩放：调整视图比例。

2) 回放：恢复上一个视图。

3) 平移：通过平移重新放置视图。

4) 动态观察：绕固定的旋转轴心旋转当前视图。

5) 中心：可以在模型上指定一点，更改为当前视图的中心。

6) 漫游：模拟在模型中的漫游。

7) 环视：回转当前视图。

8) 向上/向下：沿Z轴移动模型的当前视图。

(2) 查看对象控制盘，如图8-12所示。

1) 中心：可以在模型上指定一点，更改为当前视图的中心。

2) 缩放：调整视图比例。

3) 回放：恢复上一个视图。

4) 动态观察：绕固定的旋转轴心旋转当前视图。

(3) 巡视建筑控制盘，如图8-13所示。

1) 向前：调整当前视图点与定义模型轴心点之间的距离。

2) 环视：回转当前视图。

3) 回放：恢复上一个视图。

4) 向上/向下：沿z轴移动模型的当前视图。

四、设置视距和回旋角度

利用【调整视距】和【回旋角度】工具，可以对图形进行缩放操作，或者以观察对象为目标点，使观察点绕其作回转运动。

1. 调整视距 视距是观察点与绘图区中心点之间的距离，其功用类似于用相机拍照时推近或拉远对象的效果。

操作方式：选择菜单【视图】|【相机】|【调整视距】命令，单击鼠标左键并在屏幕上作垂直移动可推近对象，沿水平方向移动则缩小对象。

2. 回旋角度 回旋角度命令可以使观察对象随着鼠标的移动绕观察点进行回旋运动。在调整回旋角度时，由于调整的是观察点的位置，视图将随光标移动的反方向进行回旋运动。

操作方式：选择菜单【视图】|【相机】|【回旋】命令，单击鼠标左键并在屏幕上任意拖动，观察对象随着鼠标的移动做反向回旋运动。

五、漫游和飞行

在AutoCAD 2012中，在漫游或飞行显示模式下，用户可以通过键盘和鼠标控制视图显示，或者创建导航动画。

1.【定位器】选项板 选择菜单【视图】|【漫游和飞行】|【漫游】或【飞行】命令，将打开【定位器】选项板，如图8-14所示。

通过定位器选项板，可以设置位置指示器和目标指示器的具体位置，调整观察器窗口中视图的观察方位。将鼠标移至【定位器】选项板的位置指示器上，单击鼠标左键并拖动，可调整绘图区中的视图方向；在【常规】选项组中可以设定位置指示器和目标指示器的颜色、大小以及位置等参数。

2.【漫游和飞行设置】对话框 选择菜单【视图】|【漫游和飞行】|【漫游和飞行设置】命令，将打开【漫游和飞行设置】对话框，如图8-15所示，可以设定显示指示窗口的进入时间、窗口显示的时间以及当前图形设置的步长和每秒步数。

图8-14 【定位器】选项板

图8-15 【漫游和飞行设置】对话框

在该模式下，用户可以使用鼠标和键盘来实现图形的漫游和飞行。其中使用4个箭头键或W键、A键、S键和D键进行向上、向下、向左或者向右移动。通过F键可以实现漫游和飞行两种模式的切换。

六、观察三维图形

为了实现三维模型的最佳观察效果，可以通过使用消隐和着色等方法观察三维模型。

1. 消隐图形 消隐是消除实体或曲面中的隐藏线(图8-16，图8-17)。

选择菜单【视图】|【消隐】命令，或者在命令行中输入"Hide"命令，均可实现消隐操作。

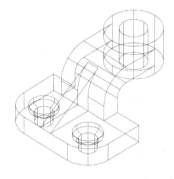 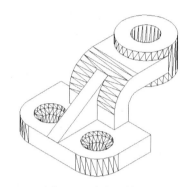

图8-16 消隐前效果　　　　　　　图8-17 消隐后效果

2. 以线框形式显示实体轮廓 在系统变量"DISPSILH"中可以设置以线框形式显示实体轮廓，此时需要将其值设置为1，并用"消隐"命令隐藏曲面的小平面(图8-18)。

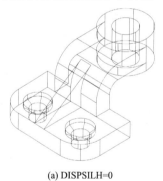 

(a) DISPSILH=0　　　　　　　　　(b) DISPSILH=1

图8-18 线框模式显示模型轮廓

3. 改变曲面轮廓素线 当所绘制的三维模型中包含曲面时，在线框模式下，曲面是用线条来显示的，这些线条称为轮廓素线或网线。在系统变量"ISOLINES"中可以设置网线条数，默认情况下为4，即使用4条网线来显示每一个曲面。增加网线的条数，会使三维模型更接近实物(图8-19)。

4. 改变表面平滑度 要改变实体表面显示的平滑度，可以通过修改系统变量"FACETRES"来实现。该变量的取值范围为0.01~10，变量值越大，曲面越平滑(图8-20)。

需要说明的是，当系统变量"DISPSILH"的值为1时，在执行"消隐"、"渲染"命令时不能显示修改系统变量"FACETRES"的效果，必须将系统变量"DISPSILH"的值设定为0。

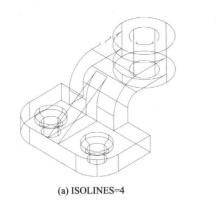
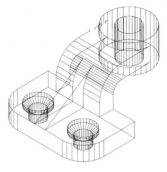

(a) ISOLINES=4　　　　　　　　　(b) ISOLINES=32

图8-19　修改变量"ISOLINES"对模型显示的影响

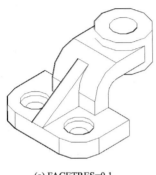

(a) FACETRES=0.1　　　　　　　　(b) FACETRES=5

图8-20　改变模型显示的平滑度

七、视觉样式

图8-21　视觉样式菜单

【视觉样式】命令用来控制视图中模型的边和着色的显示。选择菜单【视图】|【视觉样式】可以打开该命令的【二维线框】子菜单，子菜单中各命令的功能如下。如图8-21所示。

(1)"线框"命令：模型显示时用直线或者曲线表示各边界的对象，如图8-22所示。

(2)"消隐"命令：模型显示时用三维线框表示对象并隐藏后面的直线，如图8-23所示。

(3)"真实"命令：显示着色后的多边形平面间的对象，显示的对象表面平滑，同时显示出附着到对象上的材质效果，如图8-24所示。

(4)"概念"命令：显示着色后的多边形平面间的对象，显示的对象表面平滑，如图8-25所示。

(5)"着色"命令：该样式与真实样式类似，但不显示对象的轮廓线，如图8-26所示。

(6)"带边框着色"命令：与"着色"命令类似，其表面轮廓线以暗色线条显示，如图8-27所示。

(7) "灰度"命令：以灰度着色多边形平面间的对象，显示的对象表面平滑，如图8-28所示。

(8) "勾画"命令：利用手工勾画的笔触效果显示三维框表示的对象并隐藏后面的直线，如图8-29所示。

(9) "X射线"命令：以X射线的兴衰显示对象效果，可以观察到对象背面的特征，如图8-30所示。

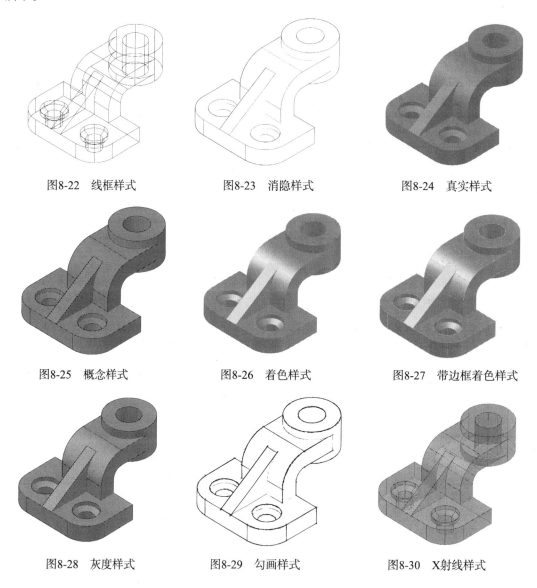

图8-22　线框样式　　　　　　　图8-23　消隐样式　　　　　　　图8-24　真实样式

图8-25　概念样式　　　　　　　图8-26　着色样式　　　　　　　图8-27　带边框着色样式

图8-28　灰度样式　　　　　　　图8-29　勾画样式　　　　　　　图8-30　X射线样式

第三节　绘制简单三维实体

绘制基本的三维实体，启动命令的方法有以下3种：

(1) 选择【绘图】|【建模】下各子命令，如图8-31所示。

(2) 通过多功能面板【实体】选择，如图8-32所示。

(3) 在【建模】工具栏选择对应的绘图命令，如图8-33所示。

图8-31 实体菜单　　图8-32 实体面板　　图8-33 建模工具栏

一、绘制多段体

创建多段体的方法有以下4种：

(1) 菜单栏：选择【绘图】|【建模】|【多段体】命令。

(2) 工具栏：【建模】|【多段体】按钮 。

(3) 功能区：【实体】|【图元】面板按钮 。

(4) 命令行：输入"POLYSOLID"并执行。

执行命令后，绘制的多段体如图8-34所示。

图8-34 多段体　　　　　　　　图8-35 长方体

二、绘制长方体

创建长方体的方法有以下4种：

(1) 菜单栏：选择【绘图】|【建模】|【长方体】命令。

(2) 工具栏：选择【建模】|【长方体】按钮 。

(3) 功能区：【实体】|【图元】面板按钮 。

(4) 命令行：输入"BOX"并执行。

执行命令后，绘制的长方体如图8-35所示。

三、绘制楔体

创建楔体的方法有以下4种：

(1) 菜单栏：选择【绘图】|【建模】|【楔体】命令。

(2) 工具栏：选择【建模】|【楔体】按钮 。

(3) 功能区：选择【实体】|【图元】面板按钮 。

(4) 命令行：输入"WEDGE"并执行。

执行命令后，绘制的楔体如图8-36所示。

图8-36　楔体

图8-37　圆锥体

四、绘制圆锥体

创建圆锥体的方法有以下4种：

(1) 菜单栏：选择【绘图】|【建模】|【圆锥体】命令。

(2) 工具栏：选择【建模】|【圆锥体】按钮 。

(3) 功能区：选择【实体】|【图元】面板按钮 。

(4) 命令行：输入"CONE"并执行。

执行命令后，绘制的圆锥体如图8-37所示。

五、绘制球体

图8-38　球体

创建球体的方法有以下4种：

(1) 菜单栏：选择【绘图】|【建模】|【球体】命令。

(2) 工具栏：选择【建模】|【球体】按钮 。

(3) 功能区：选择【实体】|【球体】面板按钮 。

(4) 命令行：输入"SPHERE"并执行。

执行命令后，绘制的球体如图8-38所示。

六、绘制圆柱体

创建圆柱体的方法有以下4种：

(1) 菜单栏：选择【绘图】|【建模】|【圆柱体】命令。

(2) 工具栏：选择【建模】|【圆柱体】按钮 。

(3) 功能区：选择【实体】|【圆环体】面板按钮 。

(4) 命令行：输入"CYLINDER"并执行。

执行命令后，绘制的圆柱体如图8-39所示。

七、绘制圆环体

创建圆环体的方法有以下4种：

(1) 菜单栏：选择【绘图】|【建模】|【圆环体】命令。

(2) 工具栏：选择【建模】|【圆环体】按钮◎。

(3) 功能区：选择【实体】|【圆环体】面板按钮◎。

(4) 命令行：输入"TORUS"并执行。

执行命令后，绘制的圆环体如图8-40所示。

图8-39 圆柱体   图8-40 圆环体

八、绘制棱锥体

创建棱锥面的方法有以下4种：

(1) 菜单栏：选择【绘图】|【建模】|【棱锥体】命令。

(2) 工具栏：选择【建模】|【棱锥体】按钮△。

(3) 功能区：选择【实体】|【棱锥体】面板按钮△。

(4) 命令行：输入"PYRAMID"并执行。

执行命令后，绘制的棱锥体如图8-41所示。

图8-41 四棱锥和四棱台

第四节　绘制复杂实体

在AutoCAD 2012中，用户可以通过二维图形和特征工具操作创建形状复杂的三维实体。

一、拉 伸 工 具

拉伸工具可以将二维图形沿指定的高度和路径，将其拉伸成三维实体。启动拉伸实体的方法有以下4种：

(1) 菜单栏：选择【绘图】|【建模】|【拉伸】命令。

(2) 工具栏：选择【建模】|【拉伸】按钮。

(3) 功能区：选择【实体】|【拉伸】工具按钮。

(4) 命令行：输入"EXTRUDE/EXT"并执行。

执行该命令后可以将二维图形拉伸成三维实体。在拉伸过程中不但可以指定实体拉伸的高度，还可以使拉伸截面沿着拉伸的方向变化。

使用拉伸工具时，需要先建立面域，然后才能使用拉伸工具生成三维实体，如图8-42所示。

图8-42　拉伸效果

二、旋 转 工 具

图8-43　旋转效果

旋转工具可以将二维图形绕指定的旋转轴线形成三维实体，或将一个闭合的轮廓绕当前用户坐标系的X轴或Y轴旋转一定的角度来形成三维实体。启动旋转命令的方法有以下4种：

(1) 菜单栏：选择【绘图】|【建模】|【旋转】命令。

(2) 工具栏：选择【建模】|【旋转】按钮。

(3) 功能区：选择【实体】|【旋转】工具按钮。

(4) 命令行：输入"REVOLVE/REV"并执行。

使用旋转工具时，需要先建立面域，然后才能使用旋转工具生成三维实体，如图8-43所示。

三、扫 掠 工 具

扫掠工具用于沿指定路径以指定的轮廓形状来绘制实体或曲面，可以同时扫掠多个对象，但这些对象必须在同一个平面内。如果扫掠路径为以闭合的曲线，则生产三维实体；如果扫掠路径是一个开放的曲线，则生成曲面。启动扫掠命令的方法有以下4种：

(1) 菜单栏：选择【绘图】|【建模】|【扫掠】命令。

(2) 工具栏：选择【建模】|【扫掠】按钮🖐。

(3) 功能区：选择【实体】|【扫掠】工具按钮🖐。

(4) 命令行：输入"SWEEP"并执行。

执行扫掠命令，扫掠路径如图8-44所示，扫掠效果如图8-45所示。

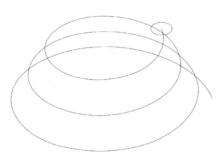

图8-44　扫掠路径和对象

图8-45　扫掠效果

四、放样工具

放样工具通过对包含两条及两条以上的横截面曲线进行放样来创建三维实体或曲面。横截面可以是开放的，也可以是闭合的。如果对闭合的横截面曲面进行放样，则生成实体；如果对开放的横截面曲面进行放样，则生成曲面。启动放样命令的方法有以下4种：

(1) 菜单栏：选择【绘图】|【建模】|【放样】命令。

(2) 工具栏：选择【建模】|【放样】按钮🛡。

(3) 功能区：选择【实体】|【放样】工具按钮🛡。

(4) 命令行：输入"LOFT"并执行。

执行放样命令后，生成的放样效果如图8-46所示。

图8-46　放样效果

第五节　利用布尔运算创建实体

布尔运算是指通过两个以上基本实体或面域创建的符合实体或面域，通过并集、交集、差集运算来获得较复杂的三维实体。

一、并集运算

并集运算用来建立合成实心体与合成域。通过计算两个或者两个以上实心体的总体积来建立合成实心体；通过计算两个或者两个以上域的总面积来建立合成域。启动并集命令的方法有以下4种：

(1) 菜单栏：选择【修改】|【实体编辑】|【并集】命令。

(2) 工具栏：选择【建模】或【实体编辑】工具栏中【并集】按钮◎◎。

(3) 功能区：选择【实体】|【布尔值】选项按钮◎◎。

(4) 命令行：输入"UNION/UNI"并执行。

圆柱体和长方体执行并集运算的效果，如图8-47所示。

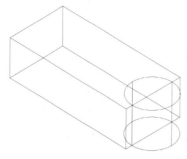 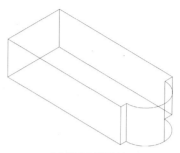

(a) 长方体和圆柱体　　　　　　　　　　　(b) 执行并集运算结果

图8-47　并集运算

二、差集运算

差集运算所创建的实心体由一个实心体的体积集与另一个实心体集的体积差来确定的；域由一个域集或者平面物体的面积与另一个集合体的差来确定的。启动差集命令的方法有以下4种：

(1) 菜单栏：选择【修改】|【实体编辑】|【差集】命令。

(2) 工具栏：选择【建模】或【实体编辑】工具栏中【差集】按钮⊘。

(3) 功能区：选择【实体】|【布尔值】选项按钮⊘。

(4) 命令行：输入"SUBTRACT/SU"并执行。

圆柱体和长方体执行差集运算的效果，如图8-48所示。

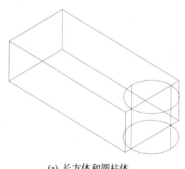 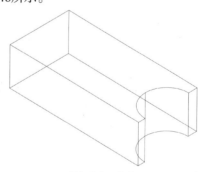

(a) 长方体和圆柱体　　　　　　　　　　　(b) 执行差集运算结果

图8-48　差集运算

三、交集运算

交集算用可以从多个相交的实心体中创建一个合成实心体或域，所创建的域是由两个相互重叠的域计算出来；实心体由多个相交实心体的共同值计算产生，即使用两者相交的部分创建新的实体或域。启动交集命令的方法有以下4种：

(1) 菜单栏：选择【修改】|【实体编辑】|【交集】命令。

(2) 工具栏：选择【建模】或【实体编辑】工具栏中【交集】按钮⊘。

(3) 功能区：选择【实体】|【布尔值】选项按钮⊘。

(4) 命令行：输入"INTERSECT/IN"并执行。

圆柱体和长方体执行交集运算的效果,如图8-49所示。

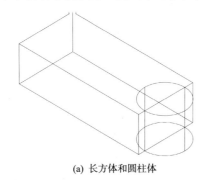

(a) 长方体和圆柱体   (b) 执行交集运算结果

图8-49 交集运算

第六节 上 机 实 践

绘制如图8-50所示的三维实体模型。

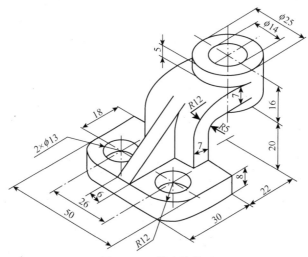

图8-50 三维实体模型

具体操作步骤如下:

(1) 创建一个新文件。

(2) 选择菜单【视图】|【三维绘图】|【东南等轴测】命令,切换到东南轴测视图。在XY平面绘制底板的轮廓图,并将此图形创建成面域,如图8-51所示。

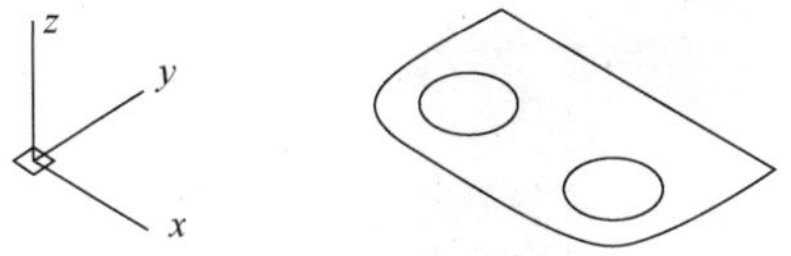

图8-51 二维轮廓图   图8-52 差集运算后的面域

(3) 选择菜单【修改】|【实体编辑】|【差集】命令,长方体减去圆孔,得到如图8-52所示的图形。

(4) 选择菜单【绘图】|【建模】|【拉伸】命令,将图8-52拉伸高度为8,得到如图8-53所示

的图形。

(5) 使用USC命令，创建新的坐标系。在新的XY平面内绘制弯板和三角形肋板的二维轮廓，并将其创建成面域，如图8-54所示。

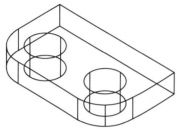

图8-53 底板拉伸实体

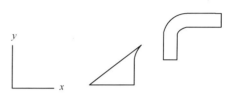

图8-54 绘制弯板和肋板并建立面域

(6) 选择菜单【绘图】|【建模】|【拉伸】命令，将弯板和肋板分别拉伸成高度为25和6，得到如8-55所示图形。

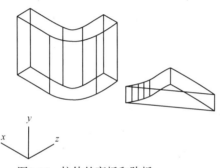

图8-55 拉伸的弯板和肋板

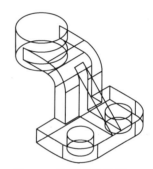

图8-56 执行并集效果

(7) 使用USC命令，再建立一个新的坐标系，然后利用【圆柱体】命令，创建一个直径为25，高度为16的圆柱体。

(8) 执行MOVE命令，将底板、弯板、肋板和圆柱体移动到正确的位置。

(9) 选择菜单【修改】|【实体编辑】|【并集】命令，将底板、弯板、肋板和圆柱体组合成一个实体，如图8-56所示。

(10) 在命令行输入并执行"SPHERE"命令，绘制直径为14，高度为16的小圆柱体，并将其移动到正确位置。

(11) 选择菜单【修改】|【实体编辑】|【差集】命令，将上述创建的组合体减去小圆柱体，得到如图8-57所示的图形，完成三维实体模型的创建过程。

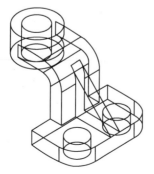

图8-57 实体模型

第七节 思考与练习题

一、填空题

(1) 绘制三维图形时，还可以使用_____和_____定义点。

(2) 在AutoCAD 2012中，用户还可以使用_____命令观察三维视图。

(3) 在三维绘图中，对判断三个坐标轴的方向起着至关重要的定则为_____。

(4) 布尔运算作用于两个或两个以上的实心体，包括 _____、_____和_____运算。

二、简答题

(1) 如何使用三维实体绘制命令绘制圆锥体？

(2) 在通过Z轴方向拉伸二维图形绘制实体时应注意哪些问题？

(3) 在AutoCAD 2012中，用户可以通过哪些方式创建三维图形？

(4) 在AutoCAD 2012中，设置视点的方法有哪些？

三、上机操作题

(1) 绘制如图8-58所示酒杯图形。

(2) 绘制如图8-59所示的三维实体模型。

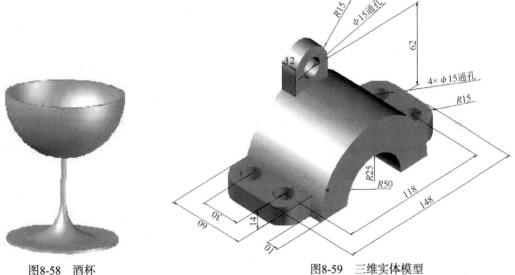

图8-58　酒杯　　　　　　　　　图8-59　三维实体模型

第9章 编辑和渲染三维图形

在AutoCAD 2012中，为了创建出更复杂的三维实体模型及提高绘图质量，需要对三维图形进行编辑和修改。在绘图过程中，有时为了创建更加逼真的模型图像，还需要对三维实体对象进行着色和渲染处理，增加色泽感和真实感。

教学目标

★ 掌握AutoCAD 2012三维对象的编辑操作。

★ 掌握AutoCAD 2012三维对象的渲染操作。

第一节 三维对象的基本编辑命令

一、三 维 移 动

三维移动命令是指将三维模型沿X、Y、Z轴或任意方向，以及在直线、面或任意两点之间的移动。启动三维移动命令的方法有以下4种：

(1) 菜单栏：选择【修改】|【三维操作】|【三维移动】命令。

(2) 工具栏：选择【建模】|【三维移动】按钮 ⊕ 。

(3) 功能区：选择【常用】|【修改】|【三维移动】按钮 ⊕ 。

(4) 命令行：输入"3DMOVE"并执行。

长方体从原来位置移动到所需位置的操作过程，如图9-1所示。

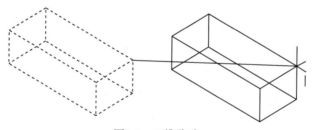

图9-1 三维移动

二、三 维 旋 转

三维旋转命令是将三维模型沿指定的旋转轴进行自由旋转操作。启动三维旋转命令的方法有以下4种：

(1) 菜单栏：选择【修改】|【三维操作】|【三维旋转】命令。

(2) 工具栏：选择【建模】|【三维旋转】按钮 ⊕ 。

(3) 功能区：选择【常用】|【修改】|【三维旋转】按钮 ⊕ 。

(4) 命令行：输入"3DROTATE"并执行。

长方体的三维旋转操作过程，如图9-2所示。

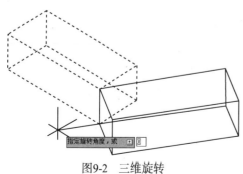

图9-2 三维旋转

三、三 维 对 齐

三维对齐命令是指将指定的平面与目标平面三维对齐，每个平面最多有三个点进行定义。启动三维对齐命令的方法有以下4种：

(1) 菜单栏：选择【修改】|【三维操作】|【三维对齐】命令。

(2) 工具栏：选择【建模】|【三维对齐】按钮 ⬚ 。

(3) 功能区：选择【常用】选项卡中的|【修改】|【三维对齐】按钮 ⬚ 。

(4) 命令行：输入"3DALIGN"并执行。

三维对齐命令可以为源对象指定1个、2个或3个点通过进行移动和旋转操作，与目标的基点、X轴或Y轴对齐。如图9-3所示。

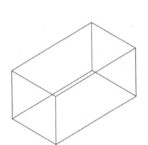 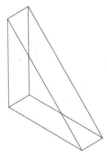 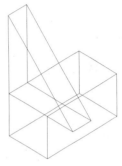

(a) 以楔体为源对象与长方体对齐　　　　　　　　　(b) 对齐效果

图9-3　三维对齐

四、三 维 镜 像

三维镜像命令可以沿定义的镜像平面创建源对象的镜像。镜像平面可以是指定点与当前的用户坐标系的XY、YZ或XZ平面平行的面或空间中三点定义的平面。启动三维镜像命令的方法有以下4种：

(1) 菜单栏：选择【修改】|【三维操作】|【三维镜像】命令。

(2) 工具栏：选择【建模】|【三维镜像】按钮 ⬚ 。

(3) 功能区：选择【常用】|【修改】|【三维镜像】按钮 ⬚ 。

(4) 命令行：输入"MIRROR3D"并执行。

三维实体的镜像效果，如图9-4所示。

 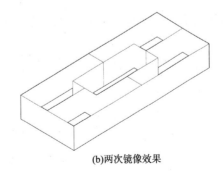

(a) 源对象　　　　　　　　　　　　　(b)两次镜像效果

图9-4　三维镜像

五、三维阵列

通过执行三维阵列命令可以在三维空间中创建源对象的阵列，包括矩形阵列、环形阵列及路径阵列。与二维阵列不同的是，三维阵列除了需要指定阵列的行数和列数外，还需要指定阵列的层数，即进行三维阵列操作时需要指定行数(X轴)、列数(Y轴)和层数(Z轴)。

1. 矩形阵列 矩形阵列是将阵列的对象在空间中分布到任意的行、列和层的组合。

启动矩形阵列命令的方法有以下4种：

(1) 菜单栏：选择【修改】|【三维操作】|【三维阵列】命令。

(2) 工具栏：选择【阵列】|【矩形阵列】按钮▦。

(3) 功能区：选择【常用】|【修改】|【矩形阵列】按钮▦。

(4) 命令行：输入"ARRAYRECT"并执行。

需要说明的是，在执行矩形阵列命令时，所设定的行(X轴)、列(Y轴)和层(Z轴)的数量至少应该为2个，输入的正值，则沿X、Y、Z轴的正方向生成阵列，负值在沿X、Y、Z轴的反方向生成阵列。

圆柱体的矩形阵列效果如图9-5所示。

2. 环形阵列 环形阵列是指源对象绕指定的旋转轴复制对象。

启动环形阵列命令的方法有以下4种：

(1) 菜单栏：选择【修改】|【三维操作】|【三维阵列】命令。

(2) 工具栏：选择【阵列】|【环形阵列】按钮❖。

(3) 功能区：选择【常用】|【修改】|【环形阵列】按钮❖。

(4) 命令行：输入"ARRAYPOLAR"并执行。

需要说明的是，在环形阵列操作中，所设定的参数为角度，用来确定阵列对象距旋转轴的距离，正值表示沿逆时针方向旋转，负值表示沿顺时针方向旋转。圆柱体的环形阵列效果，如图9-6所示。

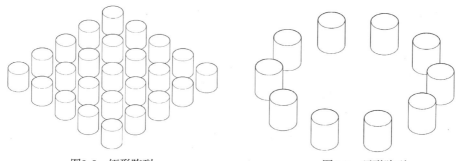

图9-5 矩形阵列   图9-6 环形阵列

3. 路径阵列 路径阵列是指源对象沿指定的路径均匀的复制对象。

启动路径阵列命令的方法有以下3种：

(1) 工具栏：选择【阵列】|【路径阵列】按钮⌐。

(2) 功能区：选择【常用】|【修改】|【路径阵列】按钮⌐。

(3) 命令行：输入"ARRAYPATH"并执行。

圆柱体沿着指定路径阵列的效果，如图9-7所示。

图9-7 路径阵列

第二节　三维对象的特殊编辑命令

在AutoCAD 2012中，对三维模型除了可以执行旋转、镜像和阵列等操作外，还可以进行三维实体的编辑、分割以及分解等操作。

一、倒　　角

使用倒角操作命令，可以对三维实体边进行倒角操作，使之在相邻的面之间生成平滑的过渡面。
启动倒角命令的方法有以下4种：
(1) 菜单栏：选择【修改】|【实体编辑】|【倒角边】命令。
(2) 工具栏：选择【修改】工具栏中|【倒角】按钮。
(3) 功能区：选择【实体】|【实体编辑】|【倒角边】按钮。
(4) 命令行：输入"CHAMFEREDGE/CHAMFER"并执行。
长方体边执行倒角操作的效果如图9-8所示。

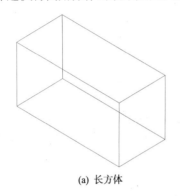

(a) 长方体　　　　　　　　　　　　　(b)倒角效果

图9-8　倒角操作

二、圆　　角

使用圆角操作命令，可以对三维实体边进行圆角操作，使之在相邻的面之间生成圆滑过渡的曲面。
启动圆角命令的方法有以下4种：
(1) 菜单栏：选择【修改】|【实体编辑】|【圆角边】命令。
(2) 工具栏：选择【修改】工具栏中|【圆角】按钮。
(3) 功能区：选择【实体】|【实体编辑】|【圆角边】按钮。
(4) 命令行：输入"FILLETEDGE/FILLET"并执行。
长方体边执行圆角操作的效果如图9-9所示。

三、剖　切　实　体

剖切命令可以用平面或曲面剖切实体，创建三维实体的剖视图。
启动剖切命令的方法有以下3种：
(1) 菜单栏：选择【修改】|【三维操作】|【剖切】命令。

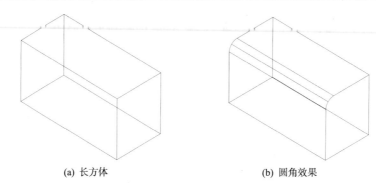

（a）长方体   （b）圆角效果

图9-9 圆角操作

(2) 功能区：选择【实体】|【实体编辑】|【剖切】按钮 ⛏ 。

(3) 命令行：输入"SLICE/SL"并执行。

圆锥体沿Z轴剖切效果如图9-10所示。

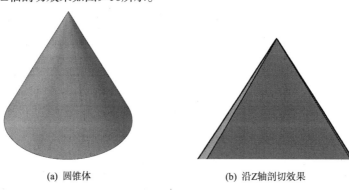

（a）圆锥体   （b）沿Z轴剖切效果

图9-10 剖切操作

四、编辑实体边

1. 提取边 从三维实体、曲面、网格、面域或子对象的边创建线框型几何图形。

启动提取边命令的方法有以下2种：

(1) 功能区：选择【常用】|【实体编辑】|【提取边】按钮。

(2) 命令行：输入"XEDGES"并执行。

长方体进行提取边后的效果如图9-11所示。

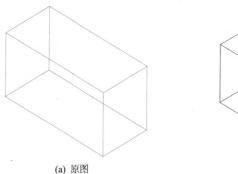 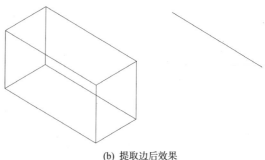

（a）原图   （b）提取边后效果

图9-11 提取边操作

2. **压印**　是指将被选对象压印到选定的实体上，该命令要求被选对象与选定对象的一个或多个面相交。压印操作对以下对象有效：直线、圆、椭圆、圆弧、二维或三维多段体、样条曲线、面、体以及三维实体。

启动压印命令的方法有以下4种：

(1) 菜单栏：选择【修改】|【实体编辑】|【压印】命令。

(2) 工具栏：选择【实体编辑】|【压印】按钮 。

(3) 功能区：选择【实体】|【实体编辑】|【压印】按钮 。

(4) 命令行：输入"IMPRINT"并执行。

长方体表面压印图形的效果如图9-12所示。

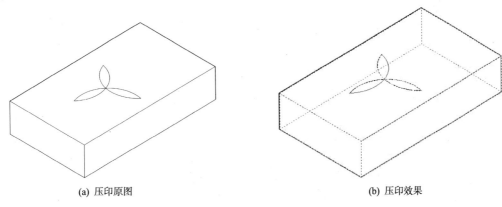

(a) 压印原图　　　　　　　　　　　　　　　(b) 压印效果

图9-12　压印操作

3. **复制边**　复制边命令可以将三维模型中的边复制为独立的直线、样条线、圆、椭圆等对象。

启动复制边命令的方法有以下4种：

(1) 菜单栏：选择【修改】|【实体编辑】|【复制边】命令。

(2) 工具栏：选择【实体编辑】|【复制边】按钮 。

(3) 功能区：选择【实体】|【实体编辑】|【复制边】按钮 。

(4) 命令行：输入"SOLIDEDIT"并执行。

三维实体进行复制边的效果如图9-13所示。

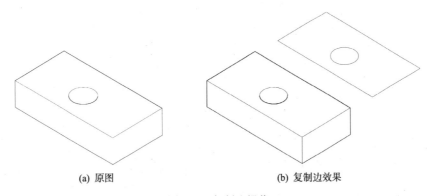

(a) 原图　　　　　　　　　　　　　　(b) 复制边效果

图9-13　复制边操作

4. **着色边**　着色边命令可以为三维模型中的边设定不同的颜色。

启动着色边命令的方法有以下4种：

(1) 菜单栏：选择【修改】|【实体编辑】|【着色边】命令。

(2) 工具栏：选择【实体编辑】|【着色边】按钮。

(3) 功能区：选择【实体】|【实体编辑】|【着色边】按钮。

(4) 命令行：输入"SOLIDEDIT"并执行。

五、编辑实体面

对于已经创建的三维实体，用户可通过编辑面操作实现对实体面的拉伸、移动、旋转、倾斜、偏移、删除或者复制等的编辑，或者改变实体面的颜色。

启动编辑面的方法有以下4种：

(1) 菜单栏：选择【修改】|【实体编辑】中选择对应的子命令，如9-14所示。

(2) 工具栏：选择【修改】|【实体编辑】下的各子命令。

(3) 功能区：选择【实体编辑】工具栏中的对应按钮，如9-15所示。

(4) 命令行：输入"SOLIDEDIT"并执行。

1. 拉伸面　拉伸面命令可以沿指定路径拉伸平面，或设定指定的拉伸高度和倾斜角对平面进行拉伸，该操作同第8章中拉伸工具的操作类似。

长方体执行两次拉伸面的效果如图9-16所示。

2. 移动面　移动面命令操作只是移动选定的面而不改变其方向。

楔体执行移动面效果如图9-17所示。

3. 旋转面　旋转面命令可以对实体上选定的面相对于一个基点或旋转轴旋转一定的角度。可以指定两点、X轴、Y轴、Z轴或相对于当前视图中的Z轴方向为旋转轴线。

长方体执行旋转面效果如图9-18所示。

4. 偏移面　偏移面命令可以将三维实体中选定的面按照设定的距离均匀地偏移一定量，使现有的面从最初位置向内或向外偏移到设定的距离创建新的面。例如在实体对象上选择孔，设定偏移量为正值，将增大孔的尺寸，负值将减小孔的尺寸。

图9-19显示了偏移圆柱体外部尺寸的效果。

图9-14　实体编辑功能区

图9-15　实体编辑工具栏

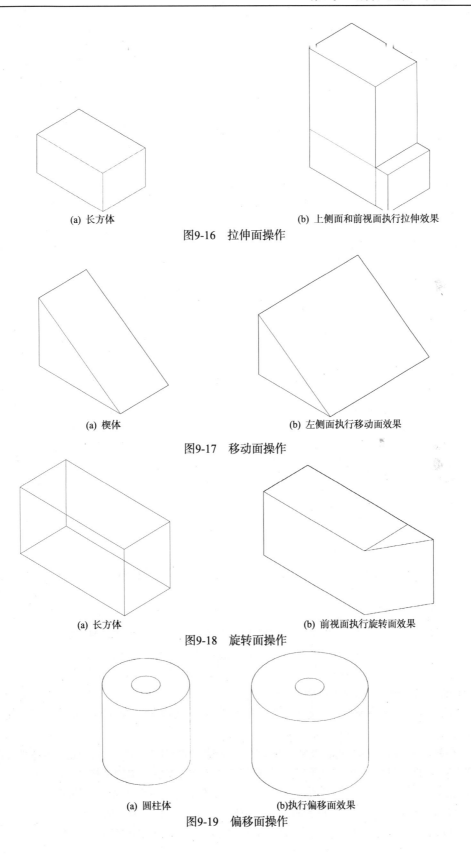

(a) 长方体　　　　　　　　　　　　　(b) 上侧面和前视面执行拉伸效果

图9-16　拉伸面操作

(a) 楔体　　　　　　　　　　　　　(b) 左侧面执行移动面效果

图9-17　移动面操作

(a) 长方体　　　　　　　　　　　　　(b) 前视面执行旋转面效果

图9-18　旋转面操作

(a) 圆柱体　　　　　　　　　　　　　(b)执行偏移面效果

图9-19　偏移面操作

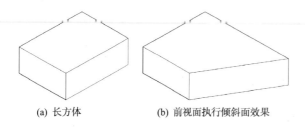

(a) 长方体　　　　　　　(b) 前视面执行倾斜面效果

图9-20　倾斜面操作

5. 倾斜面　倾斜面命令是指将三维实体中选定面沿选定的基点向内或者向外倾斜一定的角度创建的面。设定的角度为正时向内倾斜，角度为负值时向外倾斜。

长方体前视面执行倾斜面效果如图9-20所示。

6. 删除面　通过执行该操作可以从三维实体上删除面、倒角或者圆角。该操作只对所选的面进行操作，不会影响整个三维实体的存在。

长方体删除倒角面效果如图9-21所示。

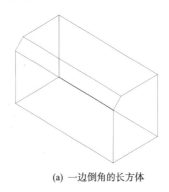

(a) 一边倒角的长方体　　　　　　　　　　(b) 删除倒角面效果

图9-21　删除面操作

7. 复制面　复制面命令可以将三维实体上的面复制成面域或体。如果执行该操作时选定两点，系统默认将第一点作为基点，并相对于该基点放置一个副本；如果只选定一个点，系统将使用原始选择的点作为基点，下一个点作为位移点。

8. 着色面　着色面命令可以对三维实体的选定面着色或者设置不同的颜色。

六、编 辑 实 体

用户对于已经创建的三维实体进行修改时，可通过系统提供的清除、分割、抽壳和检查等命令进行操作。

启动编辑面的方法有以下4种：

(1) 菜单栏：选择【修改】|【实体编辑】中选择对应的子命令，如图9-22所示。

(2) 工具栏：选择【修改】|【实体编辑】下的个子命令，如图9-23所示。

(3) 功能区：选择【实体编辑】工具栏中的对应按钮，如图9-24所示。

(4) 命令行：输入"SOLIDEDIT"并执行。

1. 清除　执行该命令后，系统将检查三维实体的边、面或体，合并共享相同曲面的相邻面，将实体中多余的或者未使用的边都将删除。

2. 分割　利用该命令，可以将组合实体分割成独立的零件。需要说明的是，实体被分割后，独立的实体将保留其图层和原始颜色，嵌套的实体被分割成最简单的结构。

3. 抽壳　利用该命令，可以将三维实体按设定的厚度创建壳体或中空的墙体。

4. 检查　执行该命令，可以检查创建的实体是否为有效的三维实体。对于有效的三维实体，进行修改时不会导致ACIS错误信息；对于无效的三维实体，用户将不能对实体进行编辑操作。

图9-22 实体编辑功能　　　图9-23 实体编辑菜单　　　图9-24 实体编辑工具栏

第三节　渲染实体

　　渲染实体是指用户根据需要对三维模型设置颜色、材质、灯光、背景等效果，能够更真实地展现模型的外观和纹理。

一、创建材质

　　1. 材质浏览器　在AutoCAD 2012中，系统默认的有许多的材质，用户根据需要可以调用"材质浏览器"面板，选择合适的材质。启动材质浏览器的操作过程如下：

　　(1) 选择【工具】|【选项板】|【材质浏览器】的按钮 ，如9-25所示。

　　(2) 选择所需的材质，并将选定的材质拖放到三维实体上。

　　(3) 将显示视觉样式设置成【真实】状态，三维实体将按选定的材质显示效果，如图9-26所示。

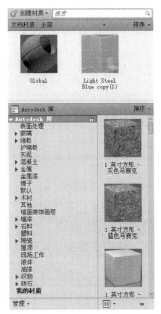

图9-25 【材料浏览器】对话框

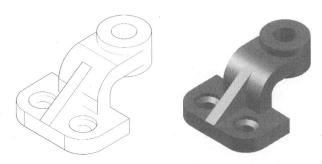

图9-26 附着材质前后效果对比

2. 材质编辑器　在AutoCAD2012中，用户可以使用材质编辑器对材质进行精细设置，使三维模型的显示达到更加逼真的效果。启动材质编辑器的方法有以下3种：

(1) 菜单栏：选择【工具】|【选项板】|【材质编辑器】命令。

(2) 功能区：选择【材质】面板中的右下角按钮 。

(3) 命令行：输入"MATEDITOROPEN"并执行。

执行命令后，系统将打开材质编辑器面板，如图9-27所示。

图9-27　【材质编辑器】面板

材质编辑器的主要功能如下：

(1) 外观选项卡：编辑材质特性的控件。

1) 创建材质：创建新特性材质。

2) 选项：渲染质量选项和渲染样例。

3) 样例预览：预览选择的材质。

4) 显示材质浏览器：显示材质浏览器面板。

(2) 信息选项卡：用来编辑和查看材质关键信息。

1) 信息：包含材质的名称、外观说明和在材质浏览器中选定材质的标记。

2) 关于：包括材质的类型、版本和位置信息。

二、设置光源

在使用AutoCAD 2012对三维模型进行渲染时，光源是一项必不可少的要素。系统提供了五种类型的光源供用户使用，分别是点光源、平行光、聚光、光域网灯光和阳光。

1. 点光源　点光源是指从光源处向四周发射呈辐射状光线的光源。它用于模拟真实环境中的点光源照射效果，一般用作辅助光源。

启动点光源命令的方法有以下3种：

(1) 工具栏：选择【光源】|【新建点光源】按钮 。

(2) 功能区：选择【渲染】|【灯光】|【点光源】按钮 。

(3) 命令行：输入"POINTLIGHT"并执行。

执行点光源命令后，如果用户在之前没有设置任何灯光的话，将弹出如图9-28所示的【光源】对话框，提示用户是否关闭默认光源。选择关闭默认光源后，用户可以直接在绘图区选择一点创建点光源，可以在【特性选项板】设置光源的名称、强度、状态、阴影等特性，如图9-29所示。

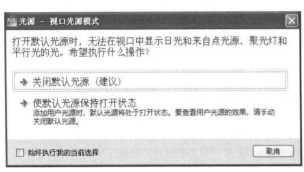

图9-28 【光源】对话框

图9-29 【特性】选项板

2. 平行光 平行光是指仅向一个方向发射的平行光光源，光的强度不会随着距离的变化而变化。

启动平行光命令的方法有以下3种：

(1) 工具栏：选择【光源】|【平行光】按钮 。

(2) 功能区：选择【渲染】|【灯光】|【平行光】按钮 。

(3) 命令行：输入"DISTANTLIGHT"并执行。

执行点光源命令后，如果用户在之前没有设置平行光的话，将弹出如图9-30所示的【光源】对话框，提示用户"光源单位是光度控制单位时，禁用平行光"操作。选择该操作后，用户可以直接在绘图区选择一点创建平行光的位置和照射方向。

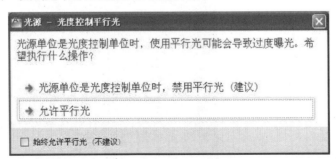

图9-30 【光源】对话框

3. 聚光灯 聚光灯是指从一个点朝向某个方向发散照射的光源，用来模拟具有方向性的照明，如壁灯、射灯等其他特效光源。

启动聚光灯命令的方法有以下3种：

(1) 工具栏：选择【光源】|【聚光灯】按钮 。

(2) 功能区：选择【渲染】|【灯光】|【聚光灯】按钮 。

(3) 命令行：输入"SPOTLIGHT"并执行。

需要说明的是，聚光灯照射具有目标特性，可用于照亮模型中特定的区域和特征，但聚光灯的照射强度会随着目标矢量的角度衰减，同时还会受到聚光角和照射角度的影响。

4. 光域网灯光　光域网灯光与点光源类似，都是从光源处发出的呈辐射状光线的光源。

启动光域网灯光命令的方法有以下2种：

(1) 功能区：选择【渲染】|【灯光】|【光域网灯光】按钮。

(2) 命令行：输入"WEBLIGHT"并执行。

5. 阳光　阳光是模拟太阳光照射效果的光源，阳光照出的光线既相互平行，又在不同位置时具有相同的强度。

启动阳光命令的方法有以下3种：

(1) 工具栏：选择【光源】|【阳光特性】按钮。

(2) 功能区：选择【渲染】|【阳光和位置】面板右下角的按钮。

(3) 命令行：输入"SUNPROPERTIES"并执行。

需要说明的是，为了模拟太阳光的效果，用户可以打开阳光特性面板，设置不同的地理位置来模拟不同地区的光线照射效果。如图9-31所示。

图9-31　【阳光特性】面板

三、渲　　染

在面板控制台中，图9-32所示的【渲染】面板可以帮助用户快速使用渲染功能。

选择【视图】|【渲染】命令或选择【渲染】|【渲染】按钮，如图9-33所示【渲染】对话框，用户可以进行三维模型的渲染操作，包括渲染整个视图、渲染部分视图、渲染设置等任务。

图9-32　【渲染】面板

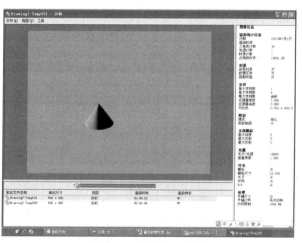

图9-33　【渲染】对话框

下面对渲染面板中各个按钮的功能作介绍。

(1)【渲染进度】按钮：显示渲染操作执行的进度。

(2)【渲染预设】按钮：通过渲染预设管理器，用户可以创建或修改自定义的渲染效果。

展开渲染面板后，为了提高渲染质量，可以使用高级渲染功能。

（1）【渲染质量】按钮 ：通过指定图像大小设置输出图像的分辨率，如图9-34所示。

（2）【调整曝光】按钮 ：如图9-35所示，设置光亮强度、对比度、中色调、室外日光以及过程背景等内容。

（3）【环境】按钮 ：如图9-36所示，设置雾化和景深效果。

（4）【高级渲染设置】按钮 ：将弹出如图9-37所示对话框，用户可以进行其他高级渲染设置，如渲染描述、材质、采样等更精细的设置。

图9-35 【调整渲染曝光】对话框

图9-34 【输出尺寸】对话框

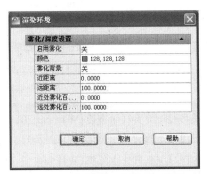

图9-36 【环境渲染】对话框

图9-37 【高级渲染设置】对话框

第四节 上 机 实 践

利用三维绘图及三维编辑命令绘制并渲染凉亭效果图，如图9-38所示。

具体操作步骤如下：

(1) 选择【视图】|【三维视图】|【西南等轴测】命令，转换视图为西南等轴测视图。然后在命令行输入isolines，设置线框的密度为12。

(2) 单击【绘图】工具条上的正多边形按钮，或者在命令行输入polygon，以原点为中心点，绘制一个半径为40的外接正八边形，如图9-39所示。

(3) 选择【绘图】|【实体】|【拉伸】命令，或者在命令行输入extrude，将绘制的正八边形向上进行拉伸，拉伸高度为5，如图9-40所示。

(4) 选择【绘图】|【建模】|【圆柱体】命令，或者在命令行输入cylinder，以点(0，0，5)为圆心，绘制一个

图9-38 凉亭效果图

半径为32，高为2的圆柱体，如图9-41所示。

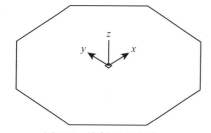

图9-39 绘制正八边形

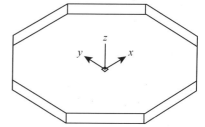

图9-40 拉伸正八边形

(5) 选择【视图】|【三维视图】|【左视】命令，将视图转换为左视图，然后单击【绘图】工具条上多段线按钮，或者在命令行输入pline，按照命令行提示操作，如图9-42所示。

1) 命令：_pline

2) 指定起点：0，5，0

3) 当前线宽为 0.0000

4) 指定下一个点或 [圆弧(A)/半宽(H)/长度(L)/放弃(U)/宽度(W)]：@0，-5

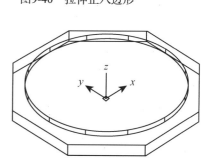

图9-41 绘制圆柱体

5) 指定下一点或 [圆弧(A)/闭合(C)/半宽(H)/长度(L)/放弃(U)/宽度(W)]：@20，0

6) 指定下一点或 [圆弧(A)/闭合(C)/半宽(H)/长度(L)/放弃(U)/宽度(W)]：@0，1

7) 指定下一点或 [圆弧(A)/闭合(C)/半宽(H)/长度(L)/放弃(U)/宽度(W)]：@-4，0

8) 指定下一点或 [圆弧(A)/闭合(C)/半宽(H)/长度(L)/放弃(U)/宽度(W)]：@0，1

9) 指定下一点或 [圆弧(A)/闭合(C)/半宽(H)/长度(L)/放弃(U)/宽度(W)]：@-4，0

10) 指定下一点或 [圆弧(A)/闭合(C)/半宽(H)/长度(L)/放弃(U)/宽度(W)]：@0，1

11) 指定下一点或 [圆弧(A)/闭合(C)/半宽(H)/长度(L)/放弃(U)/宽度(W)]：@-4，0

12) 指定下一点或 [圆弧(A)/闭合(C)/半宽(H)/长度(L)/放弃(U)/宽度(W)]：@0，1

13) 指定下一点或 [圆弧(A)/闭合(C)/半宽(H)/长度(L)/放弃(U)/宽度(W)]：@-4，0

14) 指定下一点或 [圆弧(A)/闭合(C)/半宽(H)/长度(L)/放弃(U)/宽度(W)]：@0，1

15) 指定下一点或[圆弧(A)/闭合(C)/半宽(H)/长度(L)/放弃(U)/宽度(W)]：c，如图9-41所示

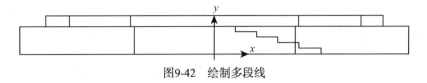

图9-42　绘制多段线

(6) 将视图恢复为西南等轴测视图。然后利用拉伸命令，将多段线进行拉伸，拉伸高度为30，如图9-43所示。

(7) 选择【工具】|【新建UCS】|【Y】，将坐标系绕y轴旋转90°，再绕x轴旋转-90°，单击【修改】工具条移动按钮 ✛，或者在命令行输入move，将拉伸后的图形以点(-15，0，5)为基点，移动到如图9-44所示的中点处。

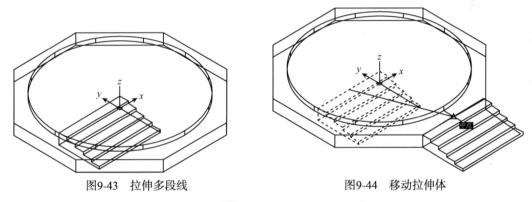

图9-43　拉伸多段线　　　　　　　　　　图9-44　移动拉伸体

(8) 单击【修改】工具条阵列按钮 ⬚ 或者在命令行输入array，将移动后的图形进行环形阵列，中心点为圆心，阵列数目为4，消隐后如图9-45所示。

(9) 选择【绘图】|【建模】|【圆柱体】命令，或者在命令行输入cylinder，以点(-18，-18，7)为底面圆心，绘制一个半径为1.5，高为70的圆柱体，如图9-46所示。

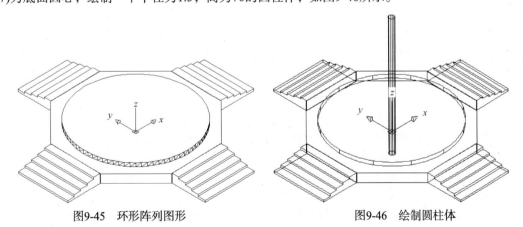

图9-45　环形阵列图形　　　　　　　　　图9-46　绘制圆柱体

(10) 重复环形阵列命令，将绘制的圆柱体进行阵列操作，中心点为圆心，阵列数目为4，如图9-47所示。

(11) 利用圆柱体命令绘制两个圆柱体，分别以点(0，0，7)和(0，0，17)为底面圆心，半径分别为6和12，高分别为10和2，如图9-48所示。

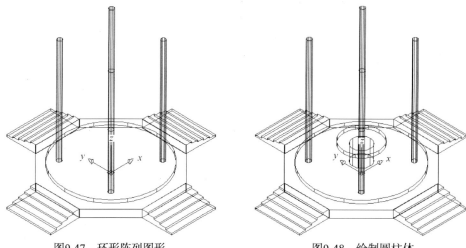

图9-47　环形阵列图形　　　　　　　　图9-48　绘制圆柱体

(12) 选择【视图】|【三维视图】|【主视】命令，将视图转换为主视图，在命令行输入surftab1和surftab2，设置其值为30。然后利用直线和多段体命令在屏幕上任意位置绘制如图9-49所示的图形，利用【修改】|【对象】|【多段线】命令，将其转换为多段线。

(13) 选择【绘图】|【实体】|【旋转】命令，将上步绘制的多段线绕左边直线旋转360°，然后将视图转换为西南等轴测视图，并将坐标系绕着x轴旋转-90°，如图9-50所示。

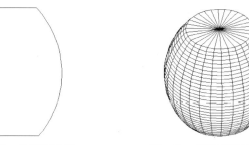

图9-49　绘制多段线　　　　　　　图9-50　旋转多段线并消隐

(14) 单击移动按钮 ，或者在命令行输入move，将上步旋转后的图形以底面圆心为基点移到坐标为-18，0，7点处，如图9-51所示。

(15) 再次利用阵列命令，将移动后的图形进行环形阵列，中心点为圆心，数目为4，消隐后如图9-52所示。

(16) 单击【绘图】工具条上的圆按钮 ，或者在命令行输入circle，以点(0，0，77)为圆心，绘制一个半径为46的圆，如图9-53所示。

(17) 利用拉伸命令将圆进行拉伸，拉伸高度为20，倾斜角度为60°，消隐后如图9-54所示。

(18) 在命令行输入ai_dome。绘制一个上半球面，上半球面的中心点为(0，0，97)，半径为12，消隐后如图9-55所示。

(19) 选择【绘图】|【建模】|【圆锥体】命令或者在命令行输入cone，以上步绘制的上半球面的顶点为圆锥体的底面中心点，绘制一个半径为2，高为30的圆锥体，如图9-56所示。

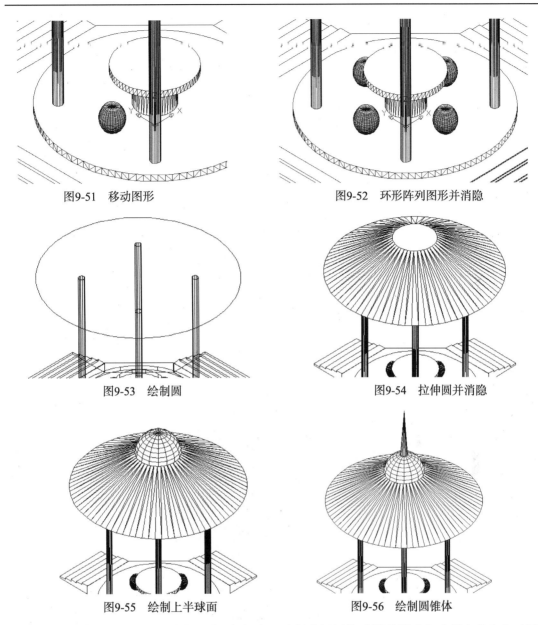

图9-51 移动图形

图9-52 环形阵列图形并消隐

图9-53 绘制圆

图9-54 拉伸圆并消隐

图9-55 绘制上半球面

图9-56 绘制圆锥体

(20) 利用"特性"工具栏为图形添加颜色。选择【视图】|【视觉样式】|【概念】命令对图形进行视觉概念处理。

第五节 思考与练习题

一、填空题

(1) 三维矩形阵列与二维阵列不同，用户除了指定列数和行数之外，还要指定_____。

(2) 压印对象必须与选定实体上的面_____，这样才能压印成功。

(3) 在渲染过程中光线十分重要，CAD提供的光源包括_____、_____、_____、_____和_____。

二、简答题

(1) 如何渲染图形、设置光源，添加材质和贴图？

(2) 在AutoCAD 2012中，对三维实体可以进行哪些编辑操作？

(3) 在AutoCAD 2012中，使用"三维镜像"命令镜像三维对象时，应注意哪些方面？

三、上机操作题

(1) 绘制如图9-57所示的图形，并进行材质渲染。

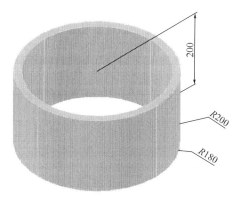

图9-57 三维实体

(2) 绘制如图9-58所示的图形，并进行材质渲染。

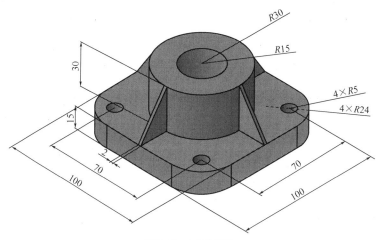

图9-58 三维实体

第10章 图形的输入输出与打印

AutoCAD提供了图形输入和输出接口，不仅可以将其他应用程序中处理好的数据传送给AutoCAD，以显示其图形，还可以将在AutoCAD中绘制好的图形打印出来，或者将它们的信息传递给其他程序。

教学目标

★ 掌握AutoCAD 2012图形的输入与输出。

★ 掌握AutoCAD 2012图形的打印。

第一节 图形的输入输出

AutoCAD 2012除了可以打开和保存DWG格式的图形文件外，还可以导入和导出其他格式的图形文件。

一、导 入 图 形

选择【文件】|【输入】菜单命令，系统将打开【输入文件】对话框，如图10-1所示，在"文件类型"下拉列表框中可以看出，系统允许输入"图元文件"、"ACIS"、"3D Studio"图形格式的文件。

图10-1 【输入文件】对话框

二、插入OLE对象

选择【插入】|【OLE对象】菜单命令，系统将打开【插入对象】对话框，如图10-2所示，利用该对话框可以插入对象链接或者嵌入对象。

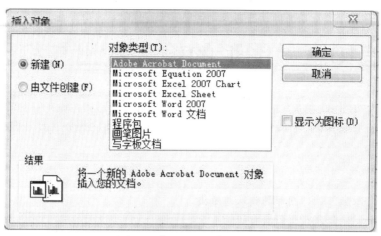

图10-2 【插入对象】对话框

三、输 出 图 形

AutoCAD可以将图形输出到各种格式的文件，以方便用户将在AutoCAD中绘制好的图形文件在其他软件中继续进行编辑或修改。

选择【文件】|【输出】菜单命令，系统弹出【输出数据】对话框，如图10-3所示，在该对话框的"文件类型"下拉列表中选择保存导出对象的文件格式，然后在"文件名"文本框中输入文件名，单击【保存】按钮，系统即可将AutoCAD图形对象以用户需要的格式和文件名保存。

图10-3 【输出数据】对话框

四、输出PDF文件

AutoCAD 2012 新增了直接输出PDF文件的功能，下面介绍一下它的使用方法。打开功能区的【输出】选项卡，可以看到【输出为DWF/PDF】面板，如图10-4所示。

图10-4 【输出】选项卡

在其中单击【PDF】按钮，就可以打开【另存为PDF】对话框，如图10-5所示，设置好文件名后，单击【保存】按钮，即可输出PDF文件。

图10-5 【另存为PDF】对话框

第二节 模型空间与布局空间

在AutoCAD 中，用户可以在两个环境中完成绘图和设计的工作，这两个工作空间分别是模型空间和布局空间。在AutoCAD中建立一个新图形时，系统会自动建立一个【模型】选项卡和两个【布局】选项卡，用户可以通过单击状态栏中【模型】和【布局】按钮来切换工作空间。【模型】选项卡可以用来在模型空间中建立和编辑图形，该选项卡不能被删除和重命名操作；【布局】选项卡用来编辑需要打印图形，其数量没有要求，可以进行删除和重命名。

模型空间是完成绘图和设计工作的工作空间。使用在模型空间中建立的模型可以完成二维或三维物体的造型设计，并且可以根据需求用多个二维或三维视图来表示物体，同时配有必要的尺寸标注和注释等来完成所需要的全部绘图工作。在模型空间中，用户可以创建多个不重叠的(平铺)视口以展示图形的不同视图。

布局空间用于图形排列、绘制布局放大图及绘制视口。通过移动或改变视口的尺寸，可在布局空间中排列视图。在布局空间中，视口被作为对象来看待并且可用AutoCAD 的标准编辑命令对其进行编辑。这样就可以在同一绘图页面进行不同视图的放置和编辑。每个视口中的视图可以独立编辑、画成不同的比例、冻结和解冻特定的图层、给出不同的标注或注释。

第三节　从模型空间打印图形

模型空间没有界限，画图方便，当在模型空间完成画图后，可以选择在模型空间出图，在模型空间中打印输出二维图形，选择菜单【文件】|【打印】命令，弹出【打印-模型】对话框，如图10-6所示。该对话框的主要功能如下。

(1)【页面设置】：选择已设置的页面名称或采用默认设置<无>。

(2)【打印机/绘图仪】：指定打印机名称、位置和说明。在"名称"下拉列表框中选择打印机或绘图仪的类型；单击【特性】按钮，在弹出的对话框中查看或修改打印机或绘图仪配置信息。

(3)【图纸尺寸】：用于指定图纸的尺寸大小。

(4)【打印区域】：该选项区用于设置图形在图纸上的输出范围，用户可以在"打印范围"下拉列表中选择要打印的区域，包括"图形界限"、"显示"和"窗口"。

1)"图形界限"选项：表示打印布局时，将打印图纸尺寸的页边距内的所有内容，其原点从布局中的(0，0)点计算得出。从模型空间打印时，将打印图形界限限定的整体图形区域。

2)"显示"选项：表示打印显示的模型空间当前视口中视图或布局中的当前图纸空间视图。

3)"窗口"选项：表示打印指定的图形的任何部分，这是直接在模型空间中打印图形最常用的方法。选择窗口选项时，命令行会提示用户在绘图区指定打印区域。

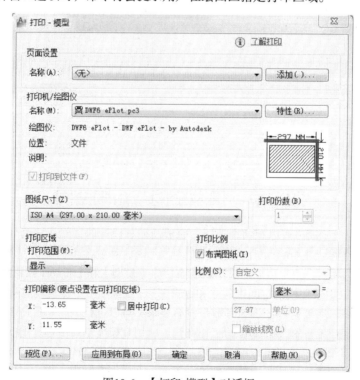

图10-6　【打印-模型】对话框

（5）【打印偏移】：用来指定相对于可打印区域左下角的偏移量。选择"居中打印"复选框，系统可以自动计算偏移值以便居中打印。

（6）【打印比例】：用于设置图形的输出比例。用户可以从下拉列表中选择一个比例，也可以在下面的文本框中通过设置一个绘图单位等于多少毫米(英寸)的方法来自定比例。

（7）【打印样式表】：设置打印的颜色、质量等。

（8）【图形方向】：设置图纸的放置方向。若选中"反向打印"复选框，可以指定图形在图纸页上反向出图。

（9）【预览】按钮：可以预览要打印的图形效果。

第四节 从布局空间打印图形

在AutoCAD 2012中，可以创建多种布局，每个布局都代表一张单独的打印输出图纸。创建新布局后就可以在布局中创建浮动视口。视口中的各个视图可以使用不同的打印比例，并能够控制视口中图层的可见性。

一、使用布局向导创建布局

AutoCAD提供了三种布局方式：【新建布局】、【来自样板的布局】和【创建布局向导】。一般用户可以使用布局向导创建布局。启用布局向导的方法有3种：

（1）菜单栏：【工具】|【向导】|【创建布局】命令。

（2）菜单栏：【插入】|【布局】|【创建布局向导】命令。

（3）命令行：输入"LAYOUTWIZARD"并执行。

执行该命令后，弹出如图10-7所示的【创建布局-开始】对话框。

创建新布局的步骤如下：

（1）在【输入新布局的名称】文本框中输入新创建的布局名称，系统默认名称"布局3"。

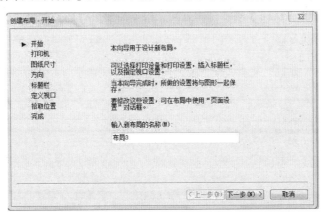

图10-7 【创建布局-开始】对话框

（2）单击【下一步】按钮，打开【创建布局-打印机】对话框，在【为新布局选择配置的绘图仪】列表框中选择当前配置的打印机类型，如图10-8所示。

（3）单击【下一步】按钮，打开【创建布局-图纸尺寸】对话框，根据实际需要选择图纸的尺寸大小与图形单位，如图10-9所示。

图10-8 【创建布局-打印机】

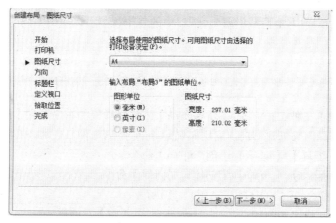

图10-9 【创建布局-图纸尺寸】对话框

(4) 单击【下一步】按钮,打开【创建布局-方向】对话框,在【选择图形在图纸上的方向】选项组中有【纵向】和【横向】两种打印方向,根据需要进行选择即可,如图10-10所示。

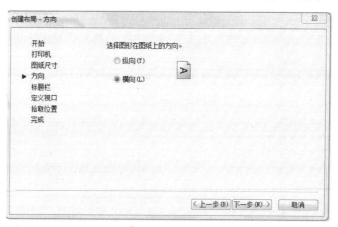

图10-10 【创建布局-方向】对话框

(5) 单击【下一步】按钮,打开【创建布局-标题栏】对话框,选择图的边框和标题栏的样式。对话框右边的预览框中给出了所选样式的预览图像。在【类型】选项中,可以指定所选的标题栏图形文件是作为块还是作为外部参照插入到当前图形中的,如图10-11所示。

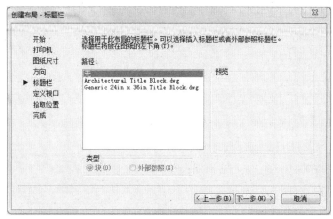

图10-11　【创建布局-标题栏】对话框

(6) 单击【下一步】按钮，打开【创建布局-定义视口】对话框，在该对话框中可以选择视口的类型、视口的比例等内容，如图10-12所示。

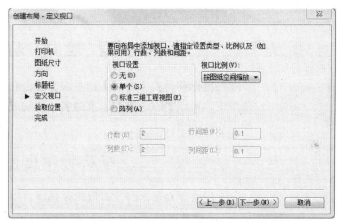

图10-12　【创建布局-定义视口】对话框

(7) 单击【下一步】按钮，打开【创建布局-拾取位置】对话框，如图10-13所示。在该对话框中单击【选择位置】按钮，系统返回绘图窗口，提示用户选择视口位置。选择完视口位置后，系统打开【创建布局-完成】对话框，如图10-14所示。

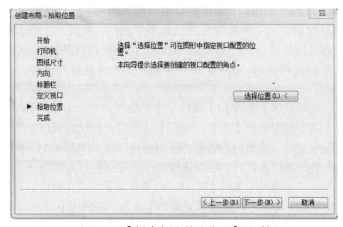

图10-13　【创建布局-拾取位置】对话框

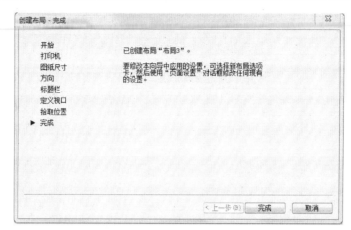

图10-14 【创建布局-完成】对话框

(8) 单击【完成】按钮即可完成新布局的创建，此时在绘图窗口左下方的【布局2】选项卡的右侧会显示【布局3】或新命名的选项卡名称。

二、管理布局

将鼠标移动到【布局】选项卡上单击右键，在弹出的快捷菜单中，可以删除、新建、重命名、移动或复制布局等操作。如图10-15所示。

三、布局打印出图

在构造完布局图时，可以将浮动视口视为图纸空间的图形对象，并对其进行移动和调整。浮动视口可以相互重叠或分离。在布局空间中无法编辑模型空间中的对象，如果要编辑模型，必须激活浮动视口，进入浮动模型空间。激活浮动视口的方法有多种，如可执行"MSPACE"命令、单击状态栏上的【图纸】按钮或双击浮动视口区域中的任意位置。

图10-15 管理布局快捷菜单

视口好比观察图形的不同窗口。透过窗口可以看到图纸，所有在视口内的图形都能够打印。视口的另一个好处是，一个布局内可以设置多个视口，如视图中的主视图、左视图、俯视图，局部放大图等可以安排在同一布局的不同视口中进行打印输出。视口可以有不同的形状，并可以设置不同的比例输出。这样，在一个布局内，灵活搭配视口，可以创建丰富的图纸输入。

视口的创建可以选择菜单【视图】|【视口】|【新建视口】命令，在弹出的【视口】对话框中，在【标准视口】列表框中选择【四个：相等】选项时，创建的视口如图10-16所示。

对一个图形创建布局后，其布局的名称、使用的打印机、图纸大小、图纸方向等设置都已经预设好了。选择合适的视口布置后，可以使用如下步骤进行打印出图。

(1)选择某个布局后单击菜单【文件】|【页面处置管理器】或在对应的布局名称上单击鼠标右键，在弹出的快捷菜单中选择【页面设置管理器】命令，将弹出【页面设置管理器】对话框，如图10-17所示。

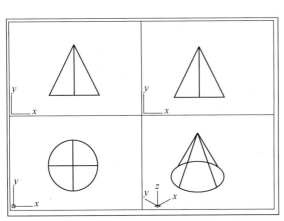

图10-16　一个布局中显示的四个视口图形　　　　图10-17　【页面设置管理器】对话框

(2) 在【页面设置管理器】对话框中，单击【修改】按钮，打开如图10-18所示的【页面设置-布局3】对话框，含义同图10-6。

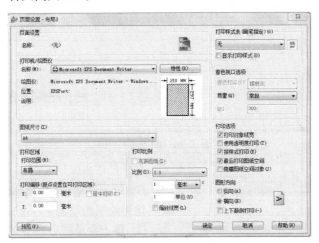

图10-18　【页面设置-布局3】对话框

(3) 单击【预览】按钮，显示将要打印的图样，如图10-19所示，单击【打印】按钮即可开始打印。

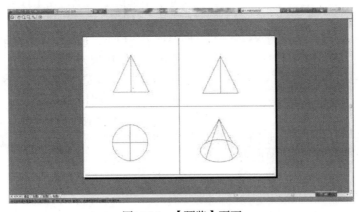

图10-19　【预览】页面

第五节 上机实践

在模型空间中，选用A4图纸，将图10-20所示的端盖零件图按1∶1比例打印出图。

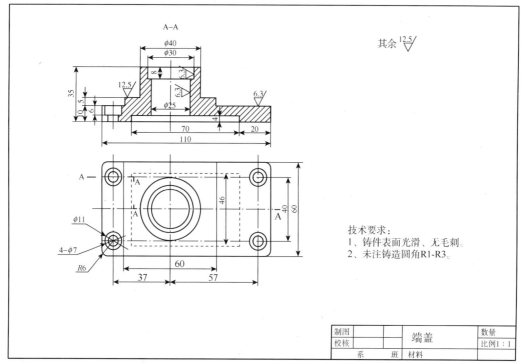

图10-20 端盖零件图

图10-21 【打印-模型】对话框

具体操作步骤如下：

(1) 绘制要输出的图形文件(根据图10-20，用1∶1比例绘制的端盖零件图)，绘图过程略。

(2) 单击菜单栏中的【文件】|【打印】命令，在弹出的【打印-模型】对话框中根据出图要求，在【打印机/绘图仪】中选择系统打印设备，并打开【特性】按钮设置图纸的可打印区域；在【图纸尺寸】中选择A4图纸，在【打印范围】中选择窗口，并在绘图窗口选择图框的两个对角点；在【打印偏移】选项中，选择"居中打印"；在【打印比例】中，选择比例为"1∶1"，如图10-21所示。

(3) 单击【预览...】按钮，查看图形在图纸中的相对位置，如图10-22所示。

(4) 如果不合适，单击鼠标右键在弹出的快捷菜单中单击【退出】命令返回到【打印-模型】对话框重新调整后，再次预览，直至图形位置合适，单击【确定】按钮，输出图形。

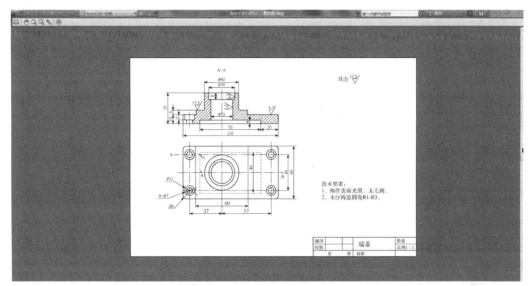

图10-22 【预览】界面

第六节 思考与练习题

一、填空题

(1) 在AutoCAD，使用输入文件命令，可以输入_____、_____和_____格式的图形文件。

(2) 在AutoCAD中，绘图工作空间包括_____和_____。

(3) 在【打印】对话框中的_____选项组中可以设置图形在打印纸中的位置。

二、简答题

(1) 在AutoCAD 2012中布局视口的创建方法？

(2) 在AutoCAD 2012中，如何输出PDF格式的文件？

三、上机操作题

绘制如图10-23所示的零件截面图，并将其打印输出。

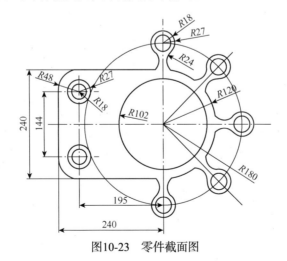

图10-23 零件截面图

参 考 文 献

程绪琦. 2012. AutoCAD 2012中文版标准教程. 北京：电子工业出版社

崔洪斌. 2011. AutoCAD 2012中文版实用教程. 北京：人民邮电出版社

崔鹏. 2012. AutoCAD 2012中文版从入门到精通. 北京：科学出版社

胡仁喜. 2012. AutoCAD 2012中文版电气设计标准实例教程. 北京：科学出版社

尚蕾. 2012. AutoCAD 2012中文版从入门到精通. 北京：电子工业出版社

孙士保. 2012. AutoCAD 2012中文版实用教程. 北京：电子工业出版社

王斌. 2007. 中文版AutoCAD 2006实用培训教程. 北京：清华大学出版社

徐建平. 2007. 精通AutoCAD 2006中文版. 北京：清华大学出版社

袁晶. 2009. AutoCAD2008应用实践教程. 西安：西北工业大学出版社

张景春. 2011. 精通AutoCAD 2012中文版基础教程. 北京：中国青年出版社